白洋淀流域
鱼虾蟹图志

陈咏霞
穆淑梅
康现江

著

—北 京—

图书在版编目（CIP）数据

白洋淀流域鱼虾蟹图志 / 陈咏霞，穆淑梅，康现江著 .—北京：知识产权出版社，2023.10

ISBN 978-7-5130-8944-9

Ⅰ.①白…　Ⅱ.①陈…②穆…③康…　Ⅲ.①白洋淀—流域—鱼类—图集②白洋淀—流域—虾类—图集③白洋淀—流域—蟹类—图集　Ⅳ.① Q959.4-64 ② Q959.223-64

中国国家版本馆 CIP 数据核字 (2023) 第 195529 号

内容提要

本书在历史文献记录与最新分类研究成果相结合的基础上，根据笔者团队十余年对白洋淀流域内鱼、虾、蟹资源调查的结果，归纳总结了白洋淀流域鱼、虾、蟹物种多样性的历史变动和资源现状，分析了物种多样性下降的原因。本书对 12 目、23 科、69 属、96 种鱼类，1 目、3 科、5 属、5 种虾类，1 目、2 科、2 属、2 种蟹类进行形态描述，并配有彩色图片；修订了部分物种的分类地位；简要介绍物种的生物学特征、资源现状及其经济价值。本书是一部较为系统和完整地介绍白洋淀流域鱼、虾、蟹的专著，可为白洋淀流域水生生物多样性保护及渔业资源可持续利用研究提供资料，也可供水生生物研究人员、政府及渔政管理人员、渔业生产人员、野生鱼虾蟹类爱好者、环境资源保护者等阅读。

责任编辑：刘亚军　　**责任校对**：王　岩
封面设计：高　宁　　**责任印制**：刘译文

白洋淀流域鱼虾蟹图志
陈咏霞　穆淑梅　康现江　著

出版发行：知识产权出版社有限责任公司　　**网　　址**：http://www.ipph.cn
社　　址：北京市海淀区气象路 50 号院　　**邮　　编**：100081
责编电话：010－82000860 转 8342　　**责编邮箱**：731942852@qq.com
发行电话：010－82000860 转 8101/8102　　**发行传真**：010－82000893/82005070/82000270
印　　刷：三河市国英印务有限公司　　**经　　销**：新华书店、各大网上书店及相关专业书店
开　　本：787mm×1092mm　1/16　　**印　　张**：10.75
版　　次：2023 年 10 月第 1 版　　**印　　次**：2023 年 10 月第 1 次印刷
字　　数：235 千字　　**定　　价**：98.00 元

ISBN 978-7-5130-8944-9

前言

Introduction

白洋淀流域位于河北省，属于海河流域大清河中部水系，由大小9条呈扇形河网汇流于白洋淀，起于第三纪晚期，成于第四纪。区域内西北部地势高耸，属于太行山脉的东坡，是多条河流的上游，海拔高度由500米增至1000米以上，坡陡流急；中东部为冀州平原，海拔在50米以下，水流缓慢，多形成浅盆式的洼淀；东部下游滨临渤海。气候属于暖温带半湿润大陆性季风气候，春季干旱多风，夏季炎热多雨，秋季天高气爽，冬季寒冷干燥。区域内的特殊环境孕育和支撑了较高的渔业资源以及具有特色的鱼类区系组成。

淡水生态系统的健康与否是事关人类生存的重要问题，而鱼类作为水生生态系统中的顶级群落，对淡水生态系统功能的维持和恢复起着关键的作用。了解渔业资源现状以及面临的威胁，是保护水生生态系统的前提。白洋淀流域早期的鱼类调查多是零散的，仅在河北省淡水鱼类调查中有零星记录。较为系统的鱼类报告是在20世纪40年代以后，经典的文献是郑葆珊等（1960）的《白洋淀鱼类》，记录了白洋淀鱼类54种，包括了生活在江河平原的种类、山间溪流的种类以及海产溯河进入淡水的种类。此后，由于白洋淀上游水利工程的修建、过度捕捞、工业污染等的影响，白洋淀渔业资源急剧下降，到1975年，鱼类已减少到32种。20世纪80年代白洋淀几次干涸，加剧了白洋淀渔业资源的下降。洄游、半洄游性种类以及许多优质资源绝迹或减少，取而代之的是一些小型的、底层的、对环境要求不高的种类。

本书是作者团队在多年对白洋淀流域水生生物资源调查研究，整理收集涉及白洋淀流域研究的文献资料，以及依据河北大学标本馆馆藏的在白洋淀流域采集的鱼虾蟹标本，特别是在2018—2022年对白洋淀流域水生生物资源调查的基础上编撰而成。本书采用最新的分类系统，修订了文献中部分物种的分类地位，记述了白洋淀流域96种鱼类，隶属于12目23科69属；5种虾，隶属于1目3科5属；2种蟹，隶属于1目2科2属。本书在目、科、属和种级阶元上提供了检索表，物种介绍内容包括分类地位、地方名、英文名、同物异名、形态特征、地理分布、生态习性、经济价值以及资源现状等。本书是一部迄今为止较为系统和完整地介绍白洋淀流域鱼、虾和蟹类的专著，可为白洋淀流域水生生物多样性保护及渔业资源可持续利用研究提供资料，也可供水生生物研究人员、政府及渔政管理人员、渔业生产人员、野生鱼虾蟹类爱好者、环境资源保护者等阅读参考。

在编写过程中，承蒙国内许多专家学者的鼎力帮助。中科院水生生物研究所何德奎和徐一扬、衡水学院生命科学系武大勇提供了部分鱼类标本图片，河北大学研究生陈浩、张慧、杨银盆、王银肖、杨慧兰、谭慧敏、王敏、王孟、康彤旭协助拍摄了部分鱼类、蟹类照片，河北大学研究生崔晓东、郭玉波、郭磊参与了部分虾蟹类资料的收集整理，在此一并感谢。本书得到河北大学生命科学与绿色发展研究院专项基金“白洋淀保护区湿地修复”（070007/799207320060）、“白洋淀生态功能及价值评估”（070007/799207320066）、“白洋淀生物资源调查”（070003/706800018021，070010/070909919028，070010/070909920005）、“河北省生物技术创新中心绩效补助经费”（225676109H）的资助，才得以顺利完成和出版。

鱼、虾、蟹是白洋淀流域重要的渔业资源，不仅对白洋淀流域生态系统功能的维持和恢复起着关键的作用，也是人类喜欢的高质量的蛋白质食物，因此更为众人所关注和了解。作者虽然对白洋淀流域鱼、虾、蟹进行了多年的研究，但限于所获得的文献资料不够全面，书中难免存在缺点或不足，敬请读者给予批评与指正。

陈咏霞　穆淑梅　康现江
2023年3月

Contents

1

白洋淀流域概况

白洋淀流域位于河北省海河流域大清河中部，是河北平原北部古盆地的一部分，该流域在第三纪晚期经历了兴起、扩张与收缩的演变过程，在第四纪形成最初环境（常利伟，2014）。白洋淀流域面积为3.12万平方公里，地理位置为东经113°40′～116°15′，北纬38°06′～40°04′（尹德超等，2022），其范围在太行山东麓拒马河与滹沱河之间，行政区域包含全部保定市、雄安新区以及任丘市一带。白洋淀流域以白洋淀为中心，从西、北、南三面有九条较大的河流注入白洋淀，分别为白沟引河、萍河、瀑河、漕河、清水河、府河、唐河、孝义河、潴龙河，然后通过白洋淀汇入大清河。白洋淀流域南部修建有3座大中型水库，即唐河上游的西大洋水库、潴龙河王快水库和横山岭水库。

白洋淀流域地处暖温带季风气候区，春季干燥多风，夏季高温多雨，秋季天高气爽，冬季寒冷干燥。气候变化四季分明，光热资源充沛，雨量集中，但旱涝灾害频繁发生。白洋淀流域多年平均降水量为524.9mm，最大降水量为865.5mm，最小降水量为263.3mm。年内降水量分配不均，80%左右的降水集中在夏季，多以暴雨的形式出现，月最大降水量可达403.8mm（1998年7月）。淀内年平均气温为12.1℃，最热月的平均气温达26.4℃，出现在7月份，最冷月1月的平均气温为−4.7℃。年极端最高气温为40.7℃，极端最低气温为−26.7℃。0℃以上积温为4760.5℃，无霜期203天。年平均太阳辐射量为5390MJ/m^2，年平均日照时数为2638.3小时，平均日照百分率为60%。年平均蒸发量为1369mm，年平均相对湿度为66%，主导风向为西南风。

1.1 白洋淀

白洋淀是大清河流域中部的天然湖泊，是华北地区最大的内陆淡水湖泊，淀区四周以堤为界，东有千里堤，南有淀南新堤，西有四门堤、障水埝，北有新安北堤，东西长39.5km，南北宽28.5km，白洋淀水域面积108.8km^2，总面积336km^2，蓄水量1.024亿立方米，历史上有“华北明珠”之称。现行政隶属雄安新区。

白洋淀淀区总地势自西向东略有倾斜，地面自然坡度1/200～1/2000。淀内古河床高地、洼地均发育较好，沟壕交错，地貌结构复杂，可概括为：东部雄县、坝县至莫州、急流口之间，主要是扇前洼地、古河床洼地，局部为微高地；莫州、文安县以南至任丘一带的冲积平原中，主要为低平地、平地和古河床高地，局部为碟状洼地；西部安州以南至高阳县一带，主要为平地、低平地和古河床高地；北部容城、白沟至坝县一带，主要为槽状洼地和古河床高地，且为相间排列，局部为低平地和岗地。地貌类型的多样化为白洋淀地区发展多种经济提供了有利的条件。

1.2 河流与水库

白洋淀流域内9条入淀的较大的河流中，仅府河、孝义河和白沟引河常年有水，漕河和瀑河仅雨季有水，其他河流处于长期断流状态。

白沟引河为1970年开挖的人工河，拒马河是汇入白沟引河的主要河流。拒马河发源于河北省涞源县西北太行山麓，流经紫荆关向北至涞水县西北境折向东流，流至北京市张坊镇分成南、北二支，北支称北拒马河，南支称南拒马河。目前南拒马河已经干涸消亡。北拒马河在河北省涿州市东茨村与大石河、小清河汇流南折流至白沟镇，这一段称为白沟引河，白沟引河经容城县汇入白洋淀。

府河地处保定中部平原区，历史上是一条平原排沥河道，由一亩泉河、候河、百草沟等支流汇流而成，其中一亩泉河为主流。一亩泉河源头在保定市西郊一亩泉村。府河流经保定市区，在清苑石桥镇与清水河、新金钱河汇合，最终与唐河汇流后入白洋淀的藻苲淀。

孝义河原为唐河支流，源于河北省安国市，现已独立成为一条河流，水主要来自蠡县和高阳，其支流有小陈河、古灵山河等，汇入白洋淀马棚淀。

唐河源于山西省浑源县，唐河流域河流总长273km，其中山区流长182km。唐河进入河北唐县向东南经倒马关、洪城、二道河，再由东折而西南经唐梅、白合、明伏、东庄湾，汇入通天河水，然后与三会河、逆流河等汇集于西大洋水库。西大洋水库位于唐河出山口西大洋村下游1km处，控制流域面积为4420km^2，占唐河流域面积的88.7%，总库容为10.7亿立方米。水库水质环境质量标准达二类。

漕河发源于保定市易县境内的五回岭（属太行山脉），自西北向东南流经易县、满城县，后改流汇入府河进入白洋淀。

瀑河发源于河北省易县狼牙山东麓，原本分为南、北二支，北支已不通水，南支经徐水县城转向安新县境内，后注入白洋淀。

潴龙河为大清河南支主要行洪河道，其上游由沙河、磁河、孟良河三大支流组成。潴龙河属于季节性河流，含沙量较大。沙河发源于山西省繁峙县孤山，王快水库坐落于沙河上，地处河北省曲阳县、阜平县交界，控制流域面积为377km^2，入库河流有平阳河、胭脂河、沙河及汇入沙河的鹞子河和板峪河，阜平站为王快水库入库控制站。王快水库下游的大沙河与木刀沟汇入潴龙河。

2

白洋淀流域鱼类

2.1 白洋淀流域鱼类研究史及变化

2.1.1 白洋淀鱼类研究史及变化

白洋淀流域鱼类调查起于19世纪40年代，记录了25种。我国学者Hsia（夏武平）于1949年在《河北白洋淀的鱼类》中报道了30种。中国科学院动物研究所白洋淀工作站于1958年发表的《白洋淀生物资源及其综合利用初步调查报告》中报道了28种。上述报道均为习见种。郑葆珊等于1960年出版的《白洋淀鱼类》较为详尽地报道了白洋淀鱼类54种，分隶属于9目17科，其中适应静水环境的鱼类有27种，适应流水环境的江湖洄游型鱼类有14种，江河鱼类有8种，溯河洄游型鱼类有5种。该书记录了颇为稀见的溯河洄游型鱼类有暗色多纪鲀*Takifugu obscurus*（=暗圆鲀*Fugu obscurus*）、梭鱼*Planiliza haematocheila*（=*Mugil so-iuy*）、鱵*Hyporhamphus sajori*、日本鳗鲡*Anguilla japonica*，以及初冬始多见的寡齿新银鱼*Neosalanx oligodontis*，但未报道夏武平所记述的刀鲚*Coilia nasus*；该书报道了极为稀见的江河型鱼类有尖头鱥*Phoxinus oxycephalus*（=尖头大吻鱥*Rhynchocypris oxycephalus*）、马口鱼*Opsariichthys bidens*、黄沙鳅*Botia xanthi*（=花斑副沙鳅*Parabotia fasciatus*）、华鳈*Sarcocheilichthys sinensis*和长须铜鱼*Coreius styani*（=*Coreius heterodon*）；数量极少，可能是从南方运鱼苗携带来的品种，如鳤*Ochetobius elongatus*；作为养殖品种引入淀内的品种，如青鱼*Mylopharyngodon piceus*；其他淀内数量不多或少见的物种，如乌苏里鮠*Leiocassis ussuriensis*（=乌苏里黄颡鱼*Pelteobagrus ussuriensis*）、蛇鮈（船钉鱼）*Saurogobio dabryi*和似鳊*Toxabramis swinhonis*。

自20世纪中期以后，受全球气候和人类活动的影响，白洋淀水量、水质、水温等环境因子的改变，致使白洋淀鱼类资源数量发生重大变化。1975—1976年，陈仲康（1980）记录1975年调查时鱼类已减少到32种，主要是由于白洋淀上游水利工程的修建、过度捕捞、工业污染等的影响，导致白洋淀内洄游及半洄游性鱼类绝迹或减少；王所安和顾景龄（1981）的调查也显示，白洋淀鱼类减少到35种，淀内的溯河洄游型鱼类及江湖产卵洄游型鱼类几近消失，一些喜流水环境的鱼类也已消失。1983—1988年连续干淀，鱼类资源受到严重破坏，在1988年白洋淀重新蓄水后，1989—1991年对白洋淀鱼类调查中，曹玉萍（1991）采集到24种，韩希福等（1991）也采集到24种，但韩希福等相比于曹玉萍的调查结果减少了贝氏䱗*Hemiculter bleekeri*、北京鳊*Parabramis pekinensis*、鳙*Aristichthys nobilis*（=*Hypophthalmichthys nobilis*）、中华鳑鲏*Rhodeus sinensis*、黑臀刺鳑鲏*Acanthorhodeus atranalis*（=兴凯鱊*Acheilognathus chankaensis*）和鳜*Siniperca chuatsi* 6种，而增加了红鳍鲌*Culter erythropterus*（=*Chanodichthys erythropterus*）、彩石鲋*Pseudoperilampus lighti*（=中华鳑鲏*Rhodeus sinensis*）、黑鳍唇鮈*Chilogobio nigripinnis*（=黑鳍鳈*Sarcocheilichthys nigripinnis*）、大鳞泥鳅*Misgurnus *dabryanus*、刺鳅*Mastacembelus aculeatus*（=中华刺鳅*Sinobdella sinensis*）和安氏新银鱼*Neosalanx anderssoni* 6种。因此，在此期间白洋淀鱼类已锐减至30种，减少的种类主要为淀内稀少见种类，如江海溯河洄游型鱼类和江湖产卵洄游型鱼类。2001—2002年白洋淀鱼类资源调查显示，白洋淀鱼类33种（曹玉萍等，2003），与90年代的报道相比增加了鲌*Culter alburnus*、越南刺鳑鲏*Acanthorhodeus tonkinensis*（=越南鱊*Acheilognathus tonkinensis*）、瓦氏黄颡鱼（=瓦氏拟鲿）*Pseudobagrus vachellii*、乌苏里鮠*Leiocassis ussuriensis*（=乌苏里黄颡鱼*Pelteobagrus ussuriensis*）、普栉鰕虎鱼*Ctenogobius giurinus*（=子陵吻鰕虎鱼*Rhinogobius similis*）以及人工养殖经济鱼类如鲂（=三角鲂）*Megalobrama terminalis*和短盖巨脂鲤*Colossoma brachypomum*（=短盖肥脂鲤*Piaractus brachypomus*），但减少了红鳍鲌*Chanodichthys erythropterus*和安氏新银鱼*Neosalanx anderssoni*。在2007—2009年对白洋淀鱼类调查期间，张春龙等（2007）采集到27种（实际为26种，黑鳍唇鮈*Chilogobio nigripinnis*是黑鳍鳈*Sarcocheilichthys nigripinnis*的同物异名）；谢松等（2010）采集到24种（实际为23种，普栉鰕虎鱼*Ctenogobius giurinus*和珠鰕虎鱼*Acentrogobius giurinus*均为子陵吻鰕虎鱼*Rhinogobius similis*的同物异名），相比于张春龙等减少了蛇鮈*Saurogobio dabryi*、黑鳍鳈*Sarcocheilichthys nigripinnis*、花鳅*Cobitis taenia*（=花斑花鳅*Cobitis melanoleuca*）和罗非鲫*Oreochromis* sp. 4个物种，而增加了马口鱼*Opsariichthys bidens*、圆尾斗鱼*Macropodus chinensis*（拉丁学名应为*Macropodus ocellatus*）2个物种。因此，在此期间共报道了28种白洋淀鱼类。2009—2010年马晓丽等（2011）对白洋淀鱼类的调查显示有25种（实际为24种，黑臀刺鳑鲏*Acanthorhodeus atranalis*为兴凯鱊*Acheilognathus chankaensis*的同物异名）。2019—2020年王银肖等（2022）对白洋淀鱼类资源调查显示有30种，与20世纪以往的调查相比，首次记录了似鳊*Toxabramis swinhonis*、波氏吻鰕虎鱼*Rhinogobius cliffordpopei*、林氏吻鰕虎鱼*Rhinogobius lindbergi*、福岛鰕虎鱼*Rhinogobius fukushimai*和高体鳑鲏*Rhodeus ocellatus*，减少了江河型鱼类如马口鱼*Opsariichthys bidens*、蛇鮈*Saurogobio dabryi*、花斑花鳅*Cobitis melanoleuca*、瓦氏拟鲿*Pseudobagrus vachellii*、乌苏里黄颡鱼*Pelteobagrus ussuriensis*、中华青鳉*Oryzias sinensis*、中华刺鳅*Sinobdella sinensis*，以及贝氏䱗*Hemiculter bleekeri*、鲌*Culter alburnus*、北京鳊*Parabramis pekinensis*、三角鲂*Megalobrama terminalis*、越南鱊*Acheilognathus tonkinensis*、短盖肥脂鲤*Piaractus brachypomus*和沿海溯河洄游型鱼类安氏新银鱼*Neosalanx anderssoni*。

2.1.2 河流鱼类研究史及变化

关于白洋淀流域河流鱼类资源，早期未有系统的报道，多是对河北省淡水鱼类、海河水系鱼类资源以及属、种资料的调查整理。刘修业等（1981）对海河水系鱼类资源调查中记录大清河鱼类有19种。李国良（1986）在关于河北省淡水鱼类区系的探讨中记录了拒马河鱼类有9种。王所安等（2001）在《河北动物志：鱼类》中记录拒马河鱼类有8种。张春光和赵亚辉（1999）记录白洋淀流域有鳅类9种，赵连有（1999）记录白洋淀流域鳅类有12种，增加了采自大沙河阜平县河段的漓江副沙鳅*Parabotia lijiangensis*，采自唐河和大沙河的北方泥鳅*Misgurnus bipartitus*以及采自拒马河和唐河的北方花鳅*Cobitis granoei*。张慧（2020）认为北方花鳅*Cobitis granoei*分布于滦河以北，而在拒马河和唐河没有分布。杨文波等（2008）对拒马河北京段的鱼类资源调查中记录了24种。王鸿媛（1994）在《北京鱼类和两栖、爬行动物志》及张春光和赵亚辉（2013）在《北京及其邻近地区的鱼类：物种多样性、资源评价和原色图谱》中记录部分拒马河鱼类40余种。2019—2021年对拒马河鱼类资源调查显示，拒马河鱼类组成有37种（王孟等，2022），与历史数据相比，增加了林氏吻鰕虎鱼*Rhinogobius lindbergi*、福岛鰕虎鱼*Rhinogobius fukushimai*，减少了多鳞铲颌鱼*Onychostoma macrolepis*、花䱻*Hemibarbus maculatus*、华鳈*Sarcocheilichthys sinensis*、花斑副沙鳅*Parabotia fasciatus*、东方薄鳅*Leptobotia orientalis*、黄线薄鳅*Leptobotia flavolineata*等。

2.2 白洋淀流域鱼类组成特点

白洋淀上接九河，下通渤海，因而白洋淀流域在历史上具有海产鱼类溯河进入淡水的河口性鱼类以及江河平原鱼类区系的特点。根据历史文献和近年来野外资源调查记录，白洋淀流域曾经记录存在的鱼类共计96种，隶属于12目23科69属，详见表1及各论物种介绍。鲤形目Cypriniformes共68种，占总数的70.8%，居于首位，是构成白洋淀流域鱼类的基础。其次是鲈形目Perciformes共8种，占总数的8.3%。鲤形目和鲈形目构成了白洋淀流域鱼类的优势类群。鲇形目Siluriformes共5种，占总数的5.2%。胡瓜鱼目Osmeriformes有4种，占总数的4.2%。合鳃鱼目Synbranchiformes、颌针鱼目Beloniformes、鲱形目Clupeiformes各2种，各占总数的2.1%。鲻形目Mugiliformes、鳗鲡目Anguilliformes、鲀形目Tetraodontiformes、脂鲤目Characiformes、慈鲷目Cichliformes各1种，各占总数的1.0%。

白洋淀流域鱼类的优势种为鲤科Cyprinidae，有57种，占总数的59.4%。其次是沙鳅科Botiidae、鳅科Cobitidae、鲿科Bagridae和鰕虎鱼科Gobiidae，各有4种，各占总数的4.2%。条鳅科Nemacheilidae、银鱼科Salangidae各有3种，占总数的3.1%。鳀科Engraulidae有2种，占总数的2.1%。鳗鲡科Anguillidae、脂鲤科Characidae、鲇科Siluridae、胡瓜鱼科Osmeridae、鲻科Mugilidae、鱵科Hemiramphidae、青鳉科Adrianichthyidae、合鳃鱼科Synbranchidae、刺鳅科Mastacembelidae、丝足鲈科Osphronemidae、沙塘鳢科Odontobutidae、鳢科Channidae、鮨科Serranidae、慈鲷科

Cichlidae、鲀科Tetradontidae各1种，各占总数的1.0%。

根据生态习性划分，白洋淀流域中以江湖定居型鱼类为主，有44种，占总数的45.8%；河流型鱼类有30种，占总数的31.3%；江湖洄游型鱼类有12种，占总数的12.5%；河海洄游型鱼类有10种，占总数的10.4%；外来种或引入的养殖品种有7种，占总数的7.3%（见下表）。

白洋淀流域鱼类组成表

分类地位	生态类型
鲤形目Cypriniformes	
鲤科Cyprinidae	
鲤亚科Cyprininae	
鲫*Carassius auratus*	江湖定居型
鲤*Cyprinus carpio*	江湖定居型
鲢亚科Hypophthalmichthyinae	
鲢*Hypophthalmichthys molitrix*	江湖洄游型
鳙*Hypophthalmichthys nobilis*	江湖洄游型
鲌亚科Cultrinae	
䱗*Hemiculter leucisculus*	江湖定居型
贝氏䱗*Hemiculter bleekeri*	江湖定居型
似鱎*Toxabramis swinhonis*	江湖定居型
红鳍鲌*Chanodichthys erythropterus*	江湖定居型
鲌*Culter alburnus*	江湖定居型
北京鳊*Parabramis pekinensis*	江湖定居型
寡鳞飘鱼*Pseudolaubuca engraulis*	江湖定居型
银飘鱼*Pseudolaubuca sinensis*	江湖定居型
蒙古鲌*Chanodichthys mongolicus*	江湖定居型
戴氏鲌*Chanodichthys dabryi*	江湖定居型
尖头鲌*Chanodichthys oxycephalus*	江湖定居型
三角鲂*Megalobrama terminalis*	江湖定居型
团头鲂*Megalobrama amblycephala**	江湖定居型
鱊亚科Acheilognathinae	
兴凯鱊*Acheilognathus chankaensis*	江湖定居型

续表

分类地位	生态类型
大鳍鱊*Acheilognathus macropterus*	江湖定居型
彩副鱊*Acheilognathus imberbis*	江湖定居型
白河鱊*Acheilognathus peihoensis*	江湖定居型
越南鱊*Acheilognathus tonkinensis*	江湖定居型
短须鱊*Acheilognathus barbatulus*	江湖定居型
中华鳑鲏*Rhodeus sinensis*	江湖定居型
高体鳑鲏*Rhodeus ocellatus*	江湖定居型
雅罗鱼亚科Leuciscinae	
鳡*Elopichthys bambusa*	江湖洄游型
青鱼*Mylopharyngodon piceus**	江湖洄游型
草鱼*Ctenopharyngodon idella*	江湖洄游型
瓦氏雅罗鱼*Leuciscus waleckii*	江湖洄游型
鯮*Luciobrama macrocephalus**	江湖洄游型
尖头大吻鱥*Rhynchocypris oxycephalus*	河流型
拉氏大吻鱥*Rhynchocypris lagowskii*	河流型
鳤*Ochetobius elongatus**	河流型
赤眼鳟*Squaliobarbus curriculus*	江湖洄游型
鿕亚科Danioninae	
宽鳍鱲*Zacco platypus*	河流型
马口鱼*Opsariichthys bidens*	河流型
中华细鲫*Aphyocypris chinensis*	河流型
鮈亚科Gobioninae	
麦穗鱼*Pseudorasbora parva*	江湖定居型
点纹银鮈*Squalidus wolterstorffi*	河流型
中间银鮈*Squalidus intermedius*	河流型
兴隆山小鳔鮈*Microphysogobio hsinglungshanensis*	河流型
黑鳍鳈*Sarcocheilichthys nigripinnis*	江湖定居型
华鳈*Sarcocheilichthys sinensis*	河流型
东北颌须鮈*Gnathopogon strigatus*	河流型

续表

分类地位	生态类型
棒花鮈*Gobio rivuloides*	河流型
棒花鱼*Abbottina rivularis*	江湖定居型
蛇鮈*Saurogobio dabryi*	河流型
唇䱻*Hemibarbus labeo*	河流型
花䱻*Hemibarbus maculatus*	河流型
似白鮈*Paraleucogobio notacanthus*	河流型
铜鱼*Coreius heterodon**	河流型
似鮈*Pseudogobio vaillanti*	河流型
鲴亚科Xenocyprinae	
细鳞斜颌鲴*Plagiognathops microlepis*	江湖洄游型
银鲴*Xenocypris macrolepis*	江湖洄游型
黄尾鲴*Xenocypris davidi*	江湖洄游型
似鳊*Pseudobrama simoni*	江湖洄游型
鲃亚科Barbinae	
多鳞白甲鱼*Onychostoma macrolepis*	河流型
沙鳅科Botiidae	
漓江副沙鳅*Parabotia lijiangensis*	河流型
花斑副沙鳅*Parabotia fasciatus*	河流型
东方薄鳅*Leptobotia orientalis*	河流型
黄线薄鳅*Leptobotia flavolineata*	河流型
鳅科Cobitidae	
泥鳅*Misgurnus anguillicaudatus*	江湖定居型
北方泥鳅*Misgurnus bipartitus*	河流型
大鳞泥鳅*Misgurnus dabryanus*	江湖定居型
花斑花鳅*Cobitis melanoleuca*	河流型
条鳅科Nemacheilidae	
赛丽高原鳅*Triplophysa sellaefer*	河流型
达里湖高原鳅*Triplophysa dalaica*	河流型
北鳅*Lefua costata*	江湖定居型

续表

分类地位	生态类型
合鳃鱼目Synbranchiformes	
刺鳅科Mastacembelidae	
中华刺鳅*Sinobdella sinensis*	江湖定居型
合鳃鱼科Synbranchidae	
黄鳝*Monopterus albus*	江湖定居型
鲈形目Perciformes	
鰕虎鱼科Gobiidae	
子陵吻鰕虎鱼*Rhinogobius similis*	江湖定居型
林氏吻鰕虎鱼*Rhinogobius lindbergi*	江湖定居型
波士吻鰕虎鱼*Rhinogobius cliffordpopei*	江湖定居型
福岛鰕虎鱼*Rhinogobius fukushimai*	江湖定居型
沙塘鳢科Odontobutidae	
小黄黝鱼*Micropercops swinhonis*	江湖定居型
丝足鲈科Osphronemidae	
圆尾斗鱼*Macropodus ocellatus*	江湖定居型
鮨科Serranidae	
鳜*Siniperca chuatsi*	江湖定居型
鳢科Channidae	
乌鳢*Channa argus*	江湖定居型
慈鲷目Cichliformes	
慈鲷科Cichlidae	
尼罗罗非鱼*Oreochromis niloticus**	江湖定居型
鲇形目Siluriformes	
鲿科Bagridae	
疯鲿*Tachysurus fulvidraco*	江湖定居型
长吻疯鲿*Tachysurus dumerili*	河流型
乌苏里黄颡鱼*Pelteobagrus ussuriensis*	河流型
瓦氏拟鲿*Pseudobagrus vachellii*	河流型
鲇科Siluridae	
鲇*Silurus asotus*	江湖定居型

续表

分类地位	生态类型
颌针鱼目Beloniformes	
青鳉科Adrianichthyidac	
中华青鳉*Oryzias sinensis*	江湖定居型
鱵科Hemiramphidae	
细鳞下鱵*Hyporhamphus sajori*	海河洄游型
胡瓜鱼目Osmeriformes	
胡瓜鱼科Osmeridae	
池沼公鱼*Hypomesus olidus*	海河洄游型
银鱼科Salangidae	
大银鱼*Protosalanx hyalocranius*	海河洄游型
寡齿新银鱼*Neosalanx oligodontis*	海河洄游型
安氏新银鱼*Neosalanx anderssoni*	海河洄游型
脂鲤目Characiformes	
脂鲤科Characidae	
短盖肥脂鲤*Piaractus brachypomus**	江湖定居型
鲱形目Clupeiformes	
鳀科Engraulidae	
刀鲚*Coilia nasus*	海河洄游型
凤鲚*Coilia mystus*	海河洄游型
鲻形目Mugiliformes	
鲻科Mugilidae	
鲻*Planiliza haematocheilus*	海河洄游型
鲀形目Tetraodontiformes	
鲀科Tetraodontidae	
暗纹东方鲀*Takifugu obscurus*	海河洄游型
鳗鲡目Anguilliformes	
鳗鲡科Anguillidae	
日本鳗鲡*Anguilla japonica*	海河洄游型

注：*引入种。

2.3 鱼类形态特征描述

2.3.1 鱼的头部结构

头部（head）：吻端至鳃盖骨后缘的部分。

吻部（snout）：上颌最前端至眼前缘的部分。

颊部（cheek）：眼后下方至鳃盖骨后缘的部分。

下颌联合（mandibular symphysis）：下颌左、右齿骨前方汇合处的部分。

颏部（颐部chin）：紧接在下颌联合的部分。

峡部（isthmus）：颏部与喉部之间的部分。

眼间隔（眼间距interorbital space）：背部两眼之间的部分。

喉部（jugular）：鳃盖间的腹面。

鳃孔（鳃裂gill opening或gill cleft）：鱼类头部后方两侧或腹面的孔裂，通常为1个或多个由消化道至体外的通道。

鳃条骨（branchiostegal ray）：支持鳃盖膜的条状骨。

鳃盖膜（branchial membrane）：有鳃条骨支持的皮肤膜。

口（mouth）：捕食器官，是呼吸时水流进入鳃腔的通道。口的形状和位置与鱼类生活习性及食性有关，因其形状及位置不同，可分为五种口位。

上位口：下颌长于上颌，开口于头的背面。

亚上位口：下颌稍突出，口稍向头背面裂开。

端位口（前位口）：上、下颌等长，口开于头的前方。

亚下位口：上颌稍突出，口稍向腹面裂开。

下位口（腹位口）：上颌长于下颌，口开于头的腹面。

须（barbel）：须上有味蕾分布，辅助鱼类发现和觅取食物。依着生位置不同而命名。

颐（颏）须：着生在颐部（颏部或下颌中央）的须。

颌须（口角须）：着生在上、下颌（口角）的须。

鼻须：着生在鼻孔部位的须。

吻须：着生在吻部（上唇处）的须。

眼（eye）：视觉器官，一般多位于头部两侧。部分鱼类具有脂眼睑（adipose eyelid），如若干鲱形目、鲻形目、鲈形目的种类，即眼的大部分或一部分所被覆的透明的脂肪体，称为脂眼睑。

鼻孔（nostril）：嗅觉器官。硬骨鱼类通常在吻部每侧有2个，由鼻瓣隔开为前鼻孔和后鼻孔。少数为1个。

齿（teeth）：捕食器官。依着生位置不同而命名。

口腔齿：着生在上、下颌骨上的齿称为颌齿（jaw teeth）；着生在口腔背部前方中央犁骨上的齿称为犁齿（vomeine teeth）；着生在口腔背部两侧腭骨上的齿称为腭齿（palatine teeth）；着生在舌骨上的齿称为舌齿（hyoid teeth）。

下咽齿（pharyngeal teeth）：鲤形目鱼类第五对鳃弓的角鳃骨上的齿。通常为1～3行，少数4行。因鱼类的食性不同，其各行齿数及形状不同。

鳃耙（gill raker）：滤食器官，着生于咽部鳃弓内侧前缘的刺状突起，通常排列成内、外两列。

鳃耙数（gill-raker number）：第一鳃弓外侧鳃耙数目，有时亦具体指明外侧鳃耙数或内侧鳃耙数。

2.3.2 鱼的躯干部结构

躯干部（trunk）：头部至肛门后缘的部分。

尾部（tail）：躯干部至末端或最前一枚具脉弓的尾椎骨的部分。

鳍（fin）：因其所在的位置不同而命名，包括胸鳍（pectoral fin）、腹鳍（ventral fin）、臀鳍（anal fin）、尾鳍（caudal fin）和背鳍（dorsal fin）。

背鳍：通常1～2个，少数3个；有的种类背鳍前、后面由若干游离的硬刺构成小鳍（fin lets）（又称副鳍），或背鳍和尾鳍之间具有不含鳍条而含脂肪的脂鳍（adipose fin）。

腹鳍：位于腹中线两侧。硬骨鱼类因着生位置不同，分为三类：位于腹部的为腹鳍腹位；位于胸鳍下方、鳃盖之后的为腹鳍胸位；位于鳃盖之间喉部的为腹鳍喉位。有些腹鳍发生特化，如愈合为吸盘。

鳍条（fin ray）：在硬骨鱼类中，因其构成不同而分为四种。鳍棘（或真棘spine）由一根坚硬的不分节鳍条形成；假棘（spiny soft ray）由左、右两根坚硬的不分节的鳍条形成；不分支鳍条（unbranched-fin-ray）由左、右两根柔软分节的鳍条合成而形成；分支鳍条（branched-fin-ray）由左、右两根柔软分节的鳍条合成，其末端分支变形而成。

鳍式（fin formula）：以不同数字来记录鳍条数目的表达式。D代表背鳍，A代表臀鳍，C代表尾鳍，P代表胸鳍，V代表腹鳍。用罗马数字表示棘条数，大写表示鳍棘（或真棘，如Ⅰ、Ⅱ、Ⅲ）；小写表示不分支鳍条（如ⅰ、ii、iii）。阿拉伯数字表示鳍条。棘条和鳍条用逗号“,”表示分离；连字符“-”表示相连。范围符号“～”表示范围。

侧线（lateral line）：一般在真骨鱼类躯干两侧或头部各有一条侧线或多条由鳞片或皮肤上的小孔排列成的线状结构，是沟状或管状的皮肤感觉器官。

侧线鳞（lateral scales）：具有侧线孔的鳞片。侧线完全表示侧线鳞从鳃孔附近开始至尾鳍基部有连续的侧线鳞排列；侧线不完全表示侧线鳞中断不达尾鳍基部。

鳞鞘（scaly sheath）：包裹在背鳍或臀鳍基部两侧的近长形或菱形的鳞片。

腋鳞（axillary scale）：位于胸鳍或腹鳍基部与体侧交合处的狭长鳞片。

臀鳞（anals scale）：鱼类在肛门和臀鳍两侧特化的相对大型鳞片，通常包围肛门和臀鳍基部，有时可达腹鳍基部。

腹棱（ventral keel）：肛门前的腹部或整个腹部中线隆起的棱突。其中由胸鳍向后延伸至肛门前缘的棱称为腹棱完全（全棱）；由腹鳍基部或之后开始延至肛门前缘的棱称为腹棱不完全（半棱）。

韦伯氏器（weberian organ）：前部脊椎骨，通常第一至第四或第五脊椎骨经过变形，形成一组在鳔与内耳之间传导声波的小骨，由前向后分别为闩骨（或带状骨claustrum）、舟骨（或舶状骨scaphium）、间插骨（intercalaryum）和三脚骨（tripus）。

幽门盲囊（pyloric caeca）：一些鱼类在胃和肠交界处有许多盲囊状突出小管。

2.4 分类检索表

2.4.1 白洋淀流域鱼类目和科的检索表

1a 体鳗形或细长…………2a

1b 体非鳗形…………4a

2a 鳔存在时有鳔管；发育过程有叶状幼体；鳃盖条多于15（鳗鲡目Anguilliformes）…………鳗鲡科Anguillidae

2b 鳔存在时无鳔管；发育过程无叶状幼体；鳃盖条少于10（合鳃鱼目Synbranchiformes）…………3a

3a 背鳍退化，变为皮褶，背鳍前不具1列分离的鳍棘；无胸鳍；左、右鳃孔在腹面连合成“V”形裂…………合鳃鱼科Synbranchidae

3b 背鳍前具1列分离鳍棘；有胸鳍；左、右鳃孔分离…………刺鳅科Mastacembelidae

4a 腹鳍存在为腹位…………5a

4b 腹鳍存在为胸位或喉位…………16a

5a 鳔存在时无鳔管（颌针鱼目Beloniformes）…………6a

5b 鳔存在时有鳔管…………7a

6a 体无侧线；鼻孔每侧2个…………青鳉科Adrianichthyidae

6b 体有侧线；鼻孔每侧1个…………鱵科Hemiramphidae

7a 第一至第四或第五脊椎骨形成韦伯氏器…………8a

7b 前部脊椎骨不形成韦伯氏器…………14a

8a 背鳍与尾鳍之间无脂鳍；上、下颌无齿（鲤形目Cypriniformes）…………9a

8b 背鳍与尾鳍之间有脂鳍；上、下颌有齿…………12a

9a 口前吻部仅具1对须或无须…………鲤科Cyprinidae

9b 口前部具吻须2对或1对；头部和身体前部侧扁或圆桶形 ………………………… 10a
10a 无眼下刺 ………………………………………………………… 条鳅科Nemacheilidae
10b 有眼下刺 …………………………………………………………………… 11a
11a 吻须聚生于吻端；侧线完全；尾鳍分叉 ……………………………… 沙鳅科Botiidae
11b 吻须分生于吻端；侧线不完全；尾鳍圆形或截形或内凹 ……………… 鳅科Cobitidae
12a 口角无须；体被圆鳞（脂鲤目Characiformes）………… 脂鲤科Characidae
12b 口角有1～4对须；体裸露或被骨板（鲇形目Siluriformes）…………………… 13a
13a 背鳍缺如，但如存在，则无鳍棘亦无脂鳍 ……………………………… 鲇科Siluridae
13b 背鳍总存在，具1鳍棘…………………………………………………… 鲿科Bagridae
14a 一般有脂鳍；有侧线或侧线不完全（胡瓜鱼目Osmeriformes）………………… 15a
14b 无脂鳍；无侧线（鲱形目Clupeiformes）……………………… 鳀科Engraulidae
15a 体表裸露无鳞，仅雄鱼臀鳍两侧各具1排透明的鳞片，其他部位无鳞；体透明 ……
…………………………………………………………………… 银鱼科Salangidae
15b 体表被覆鳞片；体不透明 …………………………………… 胡瓜鱼科Osmeridae
16a 上颌骨不与前颌骨固连或愈合为骨喙 ……………………………………………… 17a
16b 上颌骨与前颌骨愈合为骨喙；腹鳍一般不存在（鲀形目Tetraodontiformes）……
…………………………………………………………………… 鲀科Tetraodontidae
17a 腹鳍亚胸位；背鳍2个，分离颇远（鲻形目Mugiliformes）………… 鲻科Mugilidae
17b 腹鳍存在时，胸位或乃至喉位；背鳍1个或2个，如2个则距离靠近 ………… 18a
18a 头每侧鼻孔1个；下咽骨愈合；背鳍1个（慈鲷目Cichliformes）…… 慈鲷科Cichlidae
18b 头每侧鼻孔2个；下咽骨不愈合；背鳍通常2个或多个（个别为1个，如鳢科）（鲈形目Perciformes）……………………………………………………………… 19a
19a 有鳃上器官；眶下骨扩大（攀鲈亚目Anabantoidei）……………………………… 20a
19b 无鳃上器官；眶下骨不扩大 …………………………………………………… 21a
20a 背鳍与臀鳍无棘；体被圆鳞；腹鳍若有为亚胸位；头平扁 ………… 鳢科Channidae
20b 背鳍与臀鳍具棘；体被栉鳞；腹鳍胸位；头部侧扁 ……… 丝足鲈科Osphronemidae
21a 左、右腹鳍极接近，大多愈合呈吸盘（鰕虎鱼亚目Gobioidei）………………… 22a
21b 左、右腹鳍不显著接近，亦不愈合成吸盘（鲈亚目Percoidei）……… 鮨科Serranidae
22a 左、右腹鳍愈合成一吸盘 …………………………………………… 鰕虎鱼科Gobiidae
22b 左、右腹鳍分离，不愈合成吸盘 ………………………… 沙塘鳢科Odontobutidae

2.4.2 鲤形目鱼类属和种的检索表

1a 口前吻部仅具1对须或无须（鲤科Cyprinidae）…………………………………… 2a
1b 口前部具吻须2对或1对；头部和身体前部侧扁或圆桶形（鳅超科Cobitoidea）‥ 58a

2a 鳃的上方具有呈螺形的咽上器；眼的位置稍偏在头纵轴的下方；左、右鳃膜彼此连接而不与峡部相连（鲢亚科Hypophthalmichthyinae，鲢属*Hypophthalmichthys*）……………3a

2b 鳃的上方没有螺形的咽上器；眼的位置偏在头纵轴的上方；左、右鳃膜各与峡部关联……………4a

3a 腹棱不完全，从腹鳍基部至肛门之间……………鳙*Hypophthalmichthys nobilis*

3b 腹棱完全，从胸鳍基部前下方至肛门之间……………鲢*Hypophthalmichthys molitrix*

4a 臀鳍和背鳍皆具有后缘带锯齿的硬刺（个别的臀鳍硬刺无锯齿）；臀鳍分支鳍条通常为5根（个别的为6～7根）（鲤亚科Cyprininae）……………5a

4b 臀鳍无硬刺，如果有，则背鳍硬刺的后缘光滑无锯齿……………6a

5a 口角须2对；下咽齿3行，为臼状齿（鲤属*Cyprinus*）……………鲤*Cyprinus carpio*

5b 口角无须；下咽齿1行，为铲状齿（鲫属*Carassius*）……………鲫*Carassius auratus*

6a 臀鳍分支鳍条通常在7根以上，如仅有5～6根，则背鳍起点位于腹鳍起点之后……7a

6b 臀鳍分支鳍条通常在6根以下，如多达7～10根，则口部具须，且背鳍前有平卧的倒刺……………43a

7a 臀鳍起点位置在背鳍基部之下；雌鱼具有细长的产卵管；腹棱缺乏；咽齿1行；体通常较短，呈卵圆形（鱊亚科Acheilognathinae）……………8a

7b 臀鳍起点位置通常在背鳍基部之后，如位置在背鳍基部之下，则咽齿为2或3行；雌鱼不具产卵管；腹棱有或无；咽齿1～3行；体通常细长……………15a

8a 侧线不完全；口角无须；背鳍、臀鳍无硬刺（鳑鲏属*Rhodeus*）……………9a

8b 侧线完全；口角有须或无须；背鳍、臀鳍末根不分支鳍条为硬刺或上半部柔软但基部较硬（鱊属*Acheilognathus*）……………10a

9a 鳃孔后上方无小黑点（肩斑），具云纹状斑纹；腹鳍第一鳍条白色；鳃耙数12～16……………高体鳑鲏*Rhodeus ocellatus*

9b 鳃孔后上方有明显的小黑点（肩斑），呈圆点状；腹鳍第一鳍条无色；鳃耙数6～8……………中华鳑鲏*Rhodeus sinensis*

10a 口角无须，偶有如突起状极短须……………11a

10b 口角有须……………13a

11a 鳃耙14～19……………兴凯鱊*Acheilognathus chankaensis*

11b 鳃耙6～9……………12a

12a 背鳍末根不分支鳍条上半柔软，下半较硬；背鳍不分支鳍条9～11……………彩副鱊*Acheilognathus imberbis*

12b 背鳍和臀鳍末根不分支鳍条均为硬刺；背鳍不分支鳍条11～14……………白河鱊*Acheilognathus peihoensis*

13a 背鳍分支鳍条15～18；臀鳍分支鳍条12～13…… 大鳍鱊*Acheilognathus macropterus*

13b 背鳍分支鳍条少于15根；臀鳍分支鳍条少于12根 …………………………… 14a

14a 鳃耙9～12；背鳍前鳞为菱形…………………………越南鱊*Acheilognathus tonkinensis*

14b 鳃耙6～8；背鳍前鳞少于1/2为菱形 ………………… 短须鱊*Acheilognathus barbatulus*

15a 下颌前缘具锋利的角质；咽齿主行是6～7枚（极少数是5枚）；背鳍具有硬刺；腹鳍以后的腹部具有不同发达程度的腹棱（个别的无腹棱）；无须（鲴亚科Xenocyprinae）…………………………………………………………… 16a

15b 下颌无锋利的角质；咽齿主要的一行是4～5枚 …………………………………… 19a

16a 下咽齿1行；鳃耙132～142（鳊属*Pseudobrama*）………… 似鳊*Pseudobrama simoni*

16b 下咽齿3行；鳃耙38～52……………………………………………………… 17a

17a 侧线鳞在75以上（斜颌鲴属*Plagiognathops*）…… 细鳞斜颌鲴*Plagiognathops microlepis*

17b 侧线鳞少于70（鲴属*Xenocypris*）…………………………………………… 18a

18a 尾鳍深灰色 ……………………………………………… 银鲴*Xenocypris macrolepis*

18b 尾鳍具明显的黄色 ………………………………………… 黄尾鲴*Xenocypris davidi*

19a 具腹棱；侧线完全，贯穿尾柄的中部；背鳍多数具硬棘（鲌亚科Cultrinae）… 20a

19b 通常无腹棱，少数种类具腹棱；侧线不完全或贯穿尾柄的下方；背鳍无硬刺 … 32a

20a 腹棱完全，从胸部至肛门 ……………………………………………………… 21a

20b 腹棱不完全，从腹鳍至肛门 …………………………………………………… 27a

21a 背鳍不具硬刺；侧线在身体前部急速或缓和向下弯曲（飘鱼属*Pseudolaubuca*）… 22a

21b 背鳍具硬刺 ……………………………………………………………………… 23a

22a 侧线鳞49～54 ……………………………………… 寡鳞飘鱼*Pseudolaubuca engraulis*

22b 侧线鳞65～72 ………………………………………… 银飘鱼*Pseudolaubuca sinensis*

23a 臀鳍分支鳍条在20根以下；侧线在胸鳍上方急剧向下弯曲；口端位；下咽齿2～3行 …………………………………………………………………………… 24a

23b 臀鳍分支鳍条在20根以上；侧线直，无显著弯曲；口端位或上位；下咽齿3行 …… …………………………………………………………………………… 26a

24a 背鳍最后一根硬刺后缘具锯齿；下咽齿2行（似鱎属*Toxabramis*）…………………… ……………………………………………………………… 似鱎*Toxabramis swinhonis*

24b 背鳍最后一根硬刺后缘光滑无锯齿；下咽齿3行（䱗属*Hemiculter*）……………… 25a

25a 侧线在胸鳍后方突然向后弯折 ……………………………… 䱗*Hemiculter leucisculus*

25b 侧线弯折平缓 ……………………………………………… 贝氏䱗*Hemiculter bleekeri*

26a 头大；口上位；臀鳍分支鳍条25～28；鳃耙25～29（鲌属*Culter*）…· 鲌*Culter alburnus*

26b 头小；口端位；臀鳍分支鳍条25～35；鳃耙14～20（鳊属*Parabramis*）…………… ………………………………………………………… 北京鳊*Parabramis pekinensis*

27a 背鳍具硬刺；口上位或亚上位；体不高，最大体高不大于体长的24%（红鳍鲌属*Chanodichthys*）…… 28a

27b 背鳍无硬刺；口端位；体较高，最大体高不少于体长的35%（鲂属*Megalobrama*）…… 31a

28a 侧线鳞多于80；口裂直立 …… 红鳍鲌*Chanodichthys erythropterus*

28b 侧线鳞少于80；口裂倾斜 …… 29a

29a 臀鳍鳍条少于24；胸鳍后伸不达腹鳍基部 …… 蒙古鲌*Chanodichthys mongolicus*

29b 臀鳍鳍条多于24；胸鳍后伸达腹鳍基部 …… 30a

30a 头较大，体薄；各鳍均为青灰色 …… 戴氏鲌*Chanodichthys dabryi*

30b 头较小；体厚；尾鳍下叶橘红色并镶黑边 …… 尖头鲌*Chanodichthys oxycephalus*

31a 尾柄长大于尾柄高 …… 三角鲂*Megalobrama terminalis*

31b 尾柄长小于尾柄高 …… 团头鲂*Megalobramaam blycephala*

32a 第五眶下骨（最后一块眶下骨）与眶上骨相接触；下颌前端具突起与上颌的凹口相嵌，如下颌无突起，则背鳍起点位于腹鳍起点以后，且侧线鳞少于40（鲌亚科Danioninae）…… 33a

32b 第五眶下骨不与眶上骨相连；下颌前端无突起；背鳍起点一般与腹鳍的起点相对，如背鳍较后，则有50以上的侧线鳞（雅罗鱼亚科Leuciscinae）…… 35a

33a 侧线不完全（各别个体无侧线）（细鲫属*Aphyocypris*）…… 中华细鲫*Aphyocypris chinensis*

33b 侧线完全 …… 34a

34a 口裂大；上、下颌侧缘呈凹凸镶嵌（马口鱼属*Opsariichthys*）…… 马口鱼*Opsariichthys bidens*

34b 口裂小；上、下颌侧缘较平直，不呈凹凸镶嵌（鱲属*Zacco*）…… 宽鳍鱲*Zacco platypus*

35a 上颌须2对；眼的上缘具一红色斑块（赤眼鳟属*Squaliobarbus*）…… 赤眼鳟*Squaliobarbus curriculus*

35b 上颌无须；眼的上缘一红色斑块 …… 36a

36a 口上位，上颌短于下颌；侧线鳞146（鯮属*Luciobrama*）…… 鯮*Luciobrama macrocephalus*

36b 口下位或端位，上颌长于或等于下颌；侧线鳞少于120 …… 37a

37a 口裂较深，口裂末端约达眼中部下方；侧线鳞113～115（鳡属*Elopichthys*）…… 鳡*Elopichthys bambusa*

37b 口裂较浅，口裂末端不达或近眼前缘；侧线鳞少于100 …… 38a

38a 背鳍分支鳍条9～10；第一鳃弓外侧鳃耙29～32（鳤属*Ochetobius*）…… 鳤*Ochetobius elongatus*

38b 背鳍分支鳍条通常7根；第一鳃弓外侧鳃耙少于20 …………………………… 39a

39a 侧线鳞多在60以上；口亚下位；第一鳃弓外侧鳃耙少于7～8（大吻鱥属*Rhynchocypris*）…………………………………………………………………………… 40a

39b 侧线鳞少于60；口端位；第一鳃弓外侧鳃耙少于10～20 ………………………… 41a

40a 体侧无暗色纵带和黑色斑点；尾柄略短，尾柄长为尾柄高的2倍以下 ……………………………………………………………… 尖头大吻鱥*Rhynchocypris oxycephalus*

40b 体侧具一暗色纵带及黑色斑点；尾柄较细长，尾柄长为尾柄高的2倍以上 ……………………………………………………………… 拉氏大吻鱥*Rhynchocypris lagowskii*

41a 背鳍起点位于腹鳍起点之前背鳍后；臀鳍靠紧腹鳍，其起点至腹鳍较至尾鳍基起点近或相等（雅罗鱼属*Leuciscus*）……………………… 瓦氏雅罗鱼*Leuciscus waleckii*

41b 背鳍起点位于腹鳍起点之前背鳍前；臀鳍靠紧尾鳍，其起点至尾鳍基较至腹鳍起点近或相等 ………………………………………………………………………… 42a

42a 体呈青灰色，鳍深黑色；下咽齿1行，臼状（青鱼属*Mylopharyngodon*）…………………………………………………………………… 青鱼*Mylopharyngodon piceus*

42b 体呈茶黄色，鳍灰黄色；下咽齿2行，梳状（草鱼属*Ctenopharyngodon*）…………………………………………………………………… 草鱼*Ctenopharyngodon idella*

43a 臀鳍分支鳍条一般为5根（极少数为6根以上）；鳞片基部具放射肋；背鳍不分支鳍条4以上（鲃亚科Barbinae，白甲鱼属*Onychostoma*）…… 多鳞白甲鱼*Onychostoma macrolepis*

43b 臀鳍分支鳍条一般为6根（少数为5根）；鳞片基部无放射肋；背鳍不分支鳍条为3根（鮈亚科Gobioninae）…………………………………………………………… 44a

44a 口角无须；口上位（麦穗鱼属*Pseudorasbora*）………… 麦穗鱼*Pseudorasbora parva*

44b 口角须1对；口下位或端位……………………………………………………… 45a

45a 眼眶下缘具黏液腔；下咽齿3行（䱻属*Hemibarbus*）………………………… 46a

45b 眼眶下缘不具黏液腔；下咽齿1～2行 …………………………………………… 47a

46a 吻长，其长度大于眼后头长；体侧无小斑点；鳃耙15～20；下唇两侧叶宽厚，颐部中央有微小突起 ……………………………………………… 唇䱻*Hemibarbus labeo*

46b 吻短，其长度小于眼后头长；体侧具大小不等的黑褐色斑点；鳃耙6～10；下唇两侧叶狭窄，颐部中央有明显突起 ………………………… 花䱻*Hemibarbus maculatus*

47a 下颌具角质边缘（鳈属*Sarcocheilichthys*）……………………………………… 48a

47b 下颌无角质边缘 ………………………………………………………………… 49a

48a 口角须1对；体侧具4条黑色宽的横纹 ………………… 华鳈*Sarcocheilichthys sinensis*

48b 口角须退化；体侧有不规则的黑色斑块 ………… 黑鳍鳈*Sarcocheilichthys nigripinnis*

49a 背鳍末根不分支鳍条为光滑硬刺（似白鮈属*Paraleucogobio*）……………………………………………………………… 似白鮈*Paraleucogobio notacanthus*

49b 背鳍末根不分支鳍条柔软……50a
50a 唇薄，简单，无乳状突起……51a
50b 唇厚，发达，通常有乳突，下唇一般分叶……55a
51a 口角须长，其长度大于眼径，末端超过眼后缘的下方；侧线鳞40以上；口下位……52a
51b 口角须短，其长度小于眼径，末端超过眼后缘的下方；侧线鳞40以下；口端位或亚下位……53a
52a 口角须长，其末端超过眼后缘的下方；胸部裸露无鳞；下咽齿2行（𬶮属*Gobio*）……棒花𬶮*Gobio rivuloides*
52b 口角须短，其末端达鳃盖骨前缘的下方；胸腹部有鳞；下咽齿1行（铜鱼属*Coreius*）……铜鱼*Coreius heterodon*
53a 口亚位；肛门位于腹鳍与臀鳍间的后1/3处；尾柄较细（银𬶮属*Squalidus*）……54a
53b 口端位；肛门紧接于臀鳍起点的前方；尾柄较高（颌须𬶮属*Gnathopogon*）……东北颌须𬶮*Gnathopogon strigatus*
54a 口角须略长，其长度等于或稍长于眼径；侧线具“八”字形斑纹……点纹银𬶮*Squalidus wolterstorffi*
54b 口角须略短，其长度等于或稍长于眼径1/2；侧线无“八”字形斑纹……中间银𬶮*Squalidus intermedius*
55a 背鳍起点距吻端明显小于其基部后端距尾鳍起点的距离；下唇中间突起呈一横向长圆形肉质垫（蛇𬶮属*Saurogobio*）……蛇𬶮*Saurogobio dabryi*
55b 背鳍起点距吻端与其基部后端距尾鳍起点的距离相等或小于距尾鳍起点的距离；下唇中间突起呈一心形突起……56a
56a 下唇两侧在中叶前端相连；下咽齿2行（似𬶮属*Pseudogobio*）……似𬶮*Pseudogobio vaillanti*
56b 下唇两侧在中叶不相连，中叶具1对紧靠肉质突起；下咽齿2行……57a
57a 鳔前室包于韧质膜囊内；上、下唇乳突明显或上唇乳突略不明显；口角须短，其长度小于眼径（小鳔𬶮属*Microphysogobio*）……兴隆山小鳔𬶮*Microphysogobio hsinglungshanensis*
57b 鳔前室包于膜质膜囊内；上、下唇乳突不发达；口角须粗长，其长度等于眼径（棒花鱼属*Abbottina*）……棒花鱼*Abbottina rivularis*
58a 无眼下刺（条鳅科Nemacheilidae）……59a
58b 具眼下刺（鳅科Cobitidae、沙鳅科Botiidae）……61a
59a 具1对鼻须（北鳅属*Lefua*）……北鳅*Lefua costata*
59b 无鼻须（高原鳅属*Triplophysa*）……60a

60a 身体裸露无鳞；腹鳍起点位于背鳍基第3分支鳍条后方 ……………………………… 达里湖高原鳅*Triplophysa dalaica*

60b 身体被有小鳞，至少尾柄处残留少数鳞片；腹鳍起点与背鳍起点相对或在背鳍第1～2分支鳍条下方 …………………………………… 赛丽高原鳅*Triplophysa sellaefer*

61a 吻须聚生于吻端；侧线完全；尾鳍分叉（沙鳅科Botiidae）…………………………… 62a

61b 吻须分生于吻端；侧线不完全；尾鳍圆形或截形或内凹（鳅科Cobitidae）……… 65a

62a 眼下刺不分叉（薄鳅属*Leptobotia*）………………………………………………… 64a

62b 眼下刺分叉（沙鳅属*Parabotia*）……………………………………………………… 63a

63a 吻长大于眼后头长；脊椎骨4+36～38；眼间无横带纹 ….花斑副沙鳅*Parabotia fasciatus*

63b 吻长等于眼后头长；脊椎骨4+32～34；眼间具一横带纹 ……………………………… 漓江副沙鳅*Parabotia lijiangensis*

64a 颏下无1对纽状突起……………………………………… 东方薄鳅*Leptobotia orientalis*

64b 颏下具1对纽状突起…………………………………… 黄线薄鳅*Leptobotia flavolineata*

65a 眼下刺突出于皮上；雄性胸鳍基部具骨质突起；体侧具5条分界明显的斑纹（花鳅属*Cobitis*）…………………………………………………… 花斑花鳅*Cobitis melanoleuca*

65b 眼下刺埋于皮下；雄性胸鳍基部无骨质突起；体侧不具5条分界明显的斑纹（泥鳅属*Misgurnus*）……………………………………………………………………………… 66a

66a 基枕骨末端愈合完全；额骨宽、短；口角须末端延伸至鳃盖后缘；鳞片大 ……… ……………………………………………………………… 大鳞泥鳅*Misgurnus dabryanus*

66b 基枕骨末端分叉或愈合不完全；额骨细、长；口角须末端未达鳃盖后缘；鳞片小 …………………………………………………………………………………………… 67a

67a 须长，口角须末端延伸至或超过眼前缘；尾柄短，雄性，尾柄长为尾柄高的1.3～1.7倍，雌性为1.2～1.7倍 …………………………泥鳅*Misgurnus anguillicaudatus*

67b 须短，口角须末端不达眼前缘；尾柄长，雄性，尾柄长为尾柄高的2.3～3.4倍，雌性为2.2～3.5倍……………………………………………… 北方泥鳅*Misgurnus bipartitus*

2.4.3 鲇形目鱼类属和种的检索表

1a 背鳍与尾鳍之间具一脂鳍 ……………………………………………………………… 2a

1b 背鳍与尾鳍之间无脂鳍（鲇属*Silurus*）………………………………… 鲇*Silurus asotus*

2a 尾鳍内凹，上叶稍长（黄颡鱼属*Pelteobagrus*）……………………………………… ……………………………………………… 乌苏里黄颡鱼*Pelteobagrus ussuriensis*

2b 尾鳍深分叉，上、下叶等长 …………………………………………………………… 3a

3a 下颌齿呈带状，中央分开；头顶被皮膜所盖（拟鲿属*Pseudobagrus*）……………… ……………………………………………………… 瓦氏拟鲿*Pseudobagrus vachellii*

3b 下颌齿呈带状，中央不分离；头顶裸露，不被皮膜所盖（疯鲿属*Tachysurus*）……4a

4a 眼缘游离；须长，颌须后伸达或超过胸鳍基部；胸鳍硬刺前、后缘均有锯齿，前缘的锯齿细小或粗糙 ……………………………………………………疯鲿*Tachysurus fulvidraco*

4b 眼缘不游离，被以皮膜；须短，颌须后伸超过眼后缘；胸鳍硬刺前缘光滑，后缘有强锯齿 ……………………………………………………长吻疯鲿*Tachysurus dumerili*

2.4.4 鲈形目鱼类属和种的检索表

1a 有鳃上器官；眶下骨扩大 ……………………………………………………2a

1b 无鳃上器官；眶下骨不扩大 …………………………………………………3a

2a 体延长而圆，头平扁呈蛇形；鳃盖骨后缘具一蓝色眼状斑块；背鳍与臀鳍无棘；体被圆鳞（鳢属*Channa*）…………………………………………乌鳢*Channa argus*

2b 体呈椭圆形而侧扁，头侧扁；鳃盖骨后缘无蓝色眼状斑块；背鳍与臀鳍具棘；体被栉鳞（斗鱼属*Macropodus*）……………………………圆尾斗鱼*Macropodus ocellatus*

3a 左、右腹鳍极接近，大多愈合成吸盘 …………………………………………4a

3b 左、右腹鳍不显著接近，亦不愈合成吸盘（鳜属*Siniperca*）………鳜*Siniperca chuatsi*

4a 鳃盖条5根；腹鳍愈合成吸盘，无眼睑（吻鰕虎鱼属*Rhinogobius*）…………………5a

4b 鳃盖条6根；胸鳍分离，不愈合成吸盘（小黄黝属*Micropercops*）……………………
……………………………………………………小黄黝鱼*Micropercops swinhonis*

5a 眼下缘具5～6条放射状感觉乳突线；颊部具5条斜向前下方的暗色细条纹；胸鳍基底上端具一黑斑 ………………………………子陵吻鰕虎鱼*Rhinogobius similis*

5b 眼下缘具无放射状感觉乳突线；颊部无条纹；胸鳍基底上端无黑斑 ………………6a

6a 眼前下方无褐色斜纹；胸鳍具鳍条16～17 …· 波氏吻鰕虎鱼*Rhinogobius cliffordpopei*

6b 眼前下方具3条褐色斜纹；胸鳍具鳍条19～21 ……………………………………7a

7a 无背鳍前鳞；胸鳍具鳍条20～21；体侧有8～9个宽而不规则的黑色横斑 …………
……………………………………………………林氏吻鰕虎鱼*Rhinogobius lindbergi*

7b 具背鳍前鳞；胸鳍具鳍条19～20；体侧有6～7个不规则的黑色斑块 ………………
…………………………………………………福岛吻鰕虎鱼*Rhinogobius fukushimai*

2.4.5 其他目鱼类属和种的检索表

1a 体鳗形或细长；无腹鳍 ………………………………………………………2a

1b 体非鳗形；通常具腹鳍 ………………………………………………………4a

2a 鳔具鳔管；发育过程有叶状幼体；鳃盖条多于15（鳗鲡属*Anguilla*）………………
…………………………………………………………日本鳗鲡*Anguilla japonica*

2b 鳔无鳔管；发育过程无叶状幼体；鳃盖条少于10 ………………………………3a

3a 背鳍退化，变为皮褶，背鳍前不具1列分离的鳍棘；无胸鳍；左、右鳃孔在腹面连合成“V”形裂（黄鳝属*Monopterus*）……………………………黄鳝*Monopterus albus*

3b 背鳍前有1列分离鳍棘；具胸鳍；左、右鳃孔分离（刺鳅属*Sinobdella*）……………………………………………………………………………………………中华刺鳅*Sinobdella sinensis*

4a 腹鳍存在为腹位 ……………………………………………………………………………5a

4b 腹鳍不存在，如存在为胸位 ………………………………………………………………12a

5a 无脂鳍 ………………………………………………………………………………………6a

5b 具脂鳍 ………………………………………………………………………………………8a

6a 鳔存在时无鳔管，臀鳍与尾鳍不相连 ………………………………………………………7a

6b 鳔存在时具鳔管，臀鳍与尾鳍相连（鲚属*Coilia*）…………………… 凤鲚*Coilia mystus*

7a 体无侧线；鼻孔每侧2个（青鳉属*Oryzias*）…………………… 中华青鳉*Oryzias sinensis*

7b 体有侧线；鼻孔每侧1个（下鱵鱼属*Hyporhamphus*）…·细鳞下鱵鱼*Hyporhamphus sajori*

8a 第一至第四或第五脊椎骨形成韦伯氏器；背鳍与尾鳍之间具脂鳍；上、下颌有齿；口角无须；体被圆鳞（脂鲤属*Piaractus*）…………短盖肥脂鲤*Piaractus brachypomus*

8b 前部脊椎骨不形成韦伯氏器 …………………………………………………………………9a

9a 头侧扁；体具鳞，不透明（公鱼属*Hypomesus*）………… 池沼公鱼*Hypomesus olidus*

9b 头较平扁；体裸露，半透明 ……………………………………………………………10a

10a 吻尖；舌上具齿（大银鱼属*Protosalanx*）…………… 大银鱼*Protosalanx hyalocranius*

10b 吻钝；舌上无齿（新银鱼属*Neosalanx*）…………………………………………… 11a

11a 脊椎骨数60～66；背鳍分支鳍条16～19；臀鳍分支鳍条28～32 ……………………………………………………………………………… 安氏新银鱼*Neosalanx anderssoni*

11b 脊椎骨数50～51；背鳍分支鳍条9～10；臀鳍18～24 ……………………………………………………………………………………… 寡齿新银鱼*Neosalanx oligodontis*

12a 上颌骨与前颌骨愈合为骨喙；腹鳍一般不存在（东方鲀属*Takifugu*）……………………………………………………………………………… 暗纹东方鲀*Takifugu obscurus*

12b 上颌骨不与前颌骨固连或愈合为骨喙 ……………………………………………… 13a

13a 背鳍2个，分离颇远（鲻属*Planiliza*）……………………… 鲻*Planiliza haematocheilus*

13b 背鳍1个，头每侧鼻孔1个；下咽骨愈合（罗非鱼属*Oreochromis*）……………………………………………………………………………… 尼罗罗非鱼*Oreochromis niloticus*

2.5 各论

2.5.1 鳗鲡科Anguillidae

日本鳗鲡*Anguilla japonica* Temminck & Schlegel 1846

分类地位 鳗鲡目Anguilliformes、鳗鲡科Anguillidae

地 方 名 白鳝、鳗鱼、河鳗、青鳝

英 文 名 eel，Japanese eel

同物异名 *Anguilla breviceps* Chu & Jin，*Anguilla nigricans* Chu & Wu

形态特征 体细长如蛇形，头尖长，吻钝圆，稍侧扁。口大，端位；唇厚，肉质；上、下颌及犁骨均具尖细的齿。前鼻孔近吻端，短管状；后鼻孔位于眼前方，不呈管状。眼中等大小。鳃孔小，位于胸鳍基部下方，左右分离。侧线发达，完全。鳞细小，埋于皮下，呈鳞纹状排列。背鳍起点距肛门较距鳃孔为近，背鳍、臀鳍起点间距离短于头长，但长于头长之半，无腹鳍；尾鳍短，圆形。

体背侧呈灰褐色，腹侧白色，无斑点。

地理分布 分布广泛，我国东部自北到南的通江河流中均有分布。

生态习性 降海洄游性鱼类，每年春季，幼鱼上溯到淡水河湖中生长，成熟后，秋季再回到海中产卵。常栖于岸边浅水带的泥底上。适应能力强。躲在夜间游动捕食，主要食物为水生昆虫、小虾、小鱼等。

经济意义 珍贵经济鱼类。

资源现状 濒危物种。白洋淀过去曾有记载，但数量少，是经通海河从海里溯河洄游进入白洋淀的个体（郑葆珊等，1960）。自1958—1960年在入淀河系上游建库拦洪后，在此后的白洋淀流域资源调查中该物种就消失了。

2.5.2 鲤科Cyprinidae

（1）中华细鲫*Aphyocypris chinensis* Günther 1868

分类地位　鲤形目Cypriniformes、鲤科Cyprinidae、𫚈亚科Danioninae
地 方 名　银鱼、面条鱼
英 文 名　Chinese bleak
同物异名　*Aphyocypris chinensis chinensis* Günther

形态特征　背鳍iii-6～7；臀鳍iii-6～7；胸鳍 i-11～13；腹鳍 i-6～7。下咽齿2行，细长末端弯曲。

体小，稍侧扁。头中等大，钝圆。口端位，下颌稍向前突出，口裂稍斜，上颌末端达眼前缘下方。眼较大，侧位。腹鳍基至肛门间有腹棱。体被圆鳞。侧线不完全，仅前部3～7个鳞片为侧线鳞，通常最多仅达腹鳍基上方。背鳍不具硬刺，通常位于身体靠后方；胸鳍小，后伸不达腹鳍；腹鳍起点在背鳍起点之前，后伸不达臀鳍；尾鳍分叉浅，下叶稍长。肛门位于臀鳍前。

体背和体侧上部灰褐色，腹部浅黄或灰白色，背鳍、腹鳍和臀鳍微黄色。背部枕骨后至尾鳍基有一条较窄的黑色条纹。体侧自眼后稍上方至尾柄基部中央有一条较宽的黑色纵行条纹，成年个体更明显。

地理分布　我国东部广泛分布。

生态习性　小型鱼类，成年个体体长通常在30～50mm。喜生活在透明度较高的溪流和湖泊等水体中。具集群习性，游泳迅速，生长缓慢，1龄鱼可达性成熟，繁殖季节在5～6月，怀卵量较少。通常以绿藻、硅藻、蓝藻为食，也摄食水生昆虫幼虫、枝角类等。春季繁殖。

经济意义　个体小，数量少，无经济价值。

资源现状　北京市重点保护鱼类。近年来白洋淀流域的野外资源调查中未曾采集到标本。

（2）宽鳍鱲*Zacco platypus*（Temminck & Schlegel 1846）

分类地位　鲤形目Cypriniformes、鲤科Cyprinidae、鿕亚科Danioninae
地 方 名　桃花鱼、白条、石鲅
英 文 名　freshwater minnow
同物异名　*Leuciscus platypus* Temminck & Schlegel

形态特征　背鳍ⅲ-7；臀鳍ⅲ-8～9；胸鳍 ⅰ-13～15；腹鳍 ⅱ-8。侧线鳞32～44；鳃耙8～9。下咽齿3行，尖端呈钩状。

体延长，侧扁，腹部圆。口端位，略小，上颌稍长于下颌，上颌骨向后伸达眼前缘。眼大，侧上位，近吻端。鳞片较大，易脱落。侧线完全，前部向下腹部弧形弯曲，达尾柄中点。背鳍起点与腹鳍起点相对，或稍前于腹鳍起点，距吻端较距尾柄基近；胸鳍较发达，尖长，末端后伸近腹鳍；臀鳍较发达，特别在繁殖期，雄性个体延长，颜色为红色，鳍条延伸可达尾鳍基；尾鳍深叉形，下叶稍长于上叶。

背部浅黑色，腹部银白色，体侧具12～13条垂直的或明或暗的黑色条纹，条纹间有许多不规则的粉红色斑点；胸鳍上具许多黑色斑点；背鳍和尾鳍灰色；尾鳍后缘黑色；眼上方常具有一红色斑块。繁殖季节，雄鱼个体具漂亮的“婚装”，体侧的垂直条纹出现蓝紫色斑块，吻部、胸鳍具明显的白色珠星，臀鳍显著延伸，可至尾鳍基，颜色为亮丽的红色。

地理分布 东亚地区分布广泛，主要分布于山区河流中。

生态习性 中小体形。喜栖息于山区底质为砂石或砾石的水流较急的河流中。通常集群活动，性活泼，喜跃出水面。杂食性，通常以浮游生物为食，包括枝角类、桡足类，兼摄食一些浮游植物、小型鱼类和水生昆虫。性早熟种类，1冬龄即可性成熟，在水流较急的地方产卵，繁殖季节在4～6月。

经济意义 数量较多，具有一定的经济价值。

资源现状 在山区河流有一定资源量，如拒马河、沙河等为常见种。

（3）马口鱼*Opsariichthys bidens* Günther 1873

分类地位　鲤形目Cypriniformes、鲤科Cyprinidae、鿕亚科Danioninae

地 方 名　桃花鱼、马口、花杈鱼、山鳡、坑爬、宽口、红车公

英 文 名　Chinese hook snout carp

形态特征　背鳍iii-7；臀鳍iii-8～9；胸鳍 i-13～15；腹鳍 ii-8。侧线鳞39～47；鳃耙8～10。下咽齿3行。

体长而侧扁，腹部圆。吻长，口大；口裂向上倾斜，下颌后端延长达眼前缘，其前端凸起，两侧各有一凹陷，恰与上颌前端和两侧的凸处相嵌合。眼中等大。侧线完全，前段弯向体侧腹方，后段向上延至尾柄正中。背鳍起点在吻端至尾鳍基中点；腹鳍起点与背鳍起点相对；臀鳍起点在背鳍基部后下方；尾鳍深叉形。

体背部灰黑色，腹部银白色，体侧具十余条浅蓝色垂直条纹。胸鳍、腹鳍和臀鳍为橙黄色。繁殖季节，雄鱼出现“婚装”，头部、吻部和臀鳍有显眼的珠星，臀鳍的第一至第四根分支鳍条特别延长，可达尾鳍基部，呈现紫蓝色，条纹变得更鲜艳，为紫蓝色。

地理分布　分布广泛，我国北自黑龙江水系向南至云南澜沧江均有分布。

生态习性　中小体形。喜栖息于较急水流和沙砾浅滩的山涧溪流。性凶猛，以小鱼和水生甲壳动物为主要食物。1冬龄即可性成熟，繁殖力较强，繁殖季节为4～6月。

经济意义　个体较大，肉质鲜美，有一定的经济价值。

资源现状　在山区河流有一定资源量，如拒马河、沙河等为较常见物种。白洋淀过去曾有记载，但数量少，可能是经通淀河流进入的个体（郑葆珊等，1960）。

（4）尖头大吻鱥*Rhynchocypris oxycephalus*（Sauvage & Dabry de Thiersant 1874）

分类地位 鲤形目Cypriniformes、鲤科Cyprinidae、雅罗鱼亚科Leuciscinae

地 方 名 奶包子、柳根鱼

央 文 名 Chinese minnow

同物异名 *Phoxinus oxycephalus*（Sauvage & Dabry de Thiersant）

形态特征 背鳍iii-7～8；臀鳍iii-7；胸鳍 i-12～14；腹鳍 ii-7。侧线鳞63～83。鳃耙7～8。下咽齿2行。

体延长，稍侧扁，腹部圆，尾柄较高。尾柄长为高的2倍以下。头较尖长。吻略长，口略亚下位。眼较大，侧上位。体密布细小圆鳞，胸、腹部具鳞。侧线完全，约位于体侧中央，在腹鳍前的侧线较为显著。背鳍短小，胸鳍较长，向后不伸达腹鳍起点；腹鳍小，其起点位于背鳍起点之前；尾鳍分叉略浅，上、下叶端稍圆。

背鳍前后具一明显的长方形斑块，背侧部颜色深，向腹侧下部渐呈银白色，体侧密布黑色小点；各鳍浅灰色，尾鳍基中具一垂直黑斑。

地理分布 主要分布于我国北方，最南可分布到长江流域，但越往南分布的海拔越高，在长江流域通常仅能在一些山区河流的上游可见有零星分布。在白洋淀流域拒马河、沙河等均有分布。

生态习性 小型鱼类。成年个体体长通常在100mm左右。喜生活在山区溪流，水透明度较高、水温较低的河流。以硅藻、水生昆虫、枝角类等为食。产卵季节在春季。

经济意义 个体小，数量较多，有一定的经济价值。

资源现状 白洋淀过去曾有记载，但数量少，可能是经通淀河流进入的个体（郑葆珊等，1960）。近年来白洋淀流域鱼类资源调查中，主要采自拒马河、沙河，但数量较少，为稀有种。

（5）拉氏大吻鱥*Rhynchocypris lagowskii*（Dybowski 1869）

分类地位　鲤形目Cypriniformes、鲤科Cyprinidae、雅罗鱼亚科Leuciscinae

地 方 名　落氏鱥、奶包子、柳根鱼

英 文 名　Chinese minnow，Amur minnow

同物异名　*Phoxinus lagowskii* Dybowski

形态特征　背鳍iii-8；臀鳍iii-7；胸鳍 i-14；腹鳍 i-7。侧线鳞82～97。鳃耙7～8。下咽齿2行。

体延长，稍侧扁，腹部圆，尾柄较细长，尾柄长为其高的2倍以上。头尖长。吻略长，口亚下位。眼较大，侧上位。体密布细小圆鳞。侧线完全。背鳍短小，后端略尖；胸鳍较长，末端不伸达腹鳍起点；腹鳍小，其起点位于背鳍起点之前，末端伸达肛门；臀鳍起点位于背鳍基底后下方，后缘平切；尾鳍深分叉，上、下叶端尖。

体呈草灰色，在背鳍前后明显各有一长方形斑块，背侧颜色深，向腹侧下部渐呈银白色，体侧具一条暗色纵带及稀疏的黑色小点，有时不明显；各鳍浅橘黄色。

地理分布　主要分布于我国北方，最南可至长江流域，但越往南分布的海拔越高，在长江流域通常仅在一些山区河流的上游可见有零星分布。

生态习性　小型鱼类，成年个体体长通常在100mm左右。喜栖息于山区溪流，水透明度较高、水温较低的河流。杂食性，通常以硅藻、水生昆虫、枝角类等为食。产卵季节在5～7月。

经济意义　个体小，数量较多，有一定的经济价值。

资源现状　在白洋淀流域的拒马河、沙河等河流中为常见种。

（6）青鱼*Mylopharyngodon piceus*（Richardson 1846）

分类地位 鲤形目Cypriniformes、鲤科Cyprinidae、雅罗鱼亚科Leuciscinae

地 方 名 乌青、螺蛳青、鲭、青鲩、黑鲩、乌鲩

英 文 名 black carp

同物异名 *Leuciscus piceus* Richardson

形态特征 背鳍iii-7；臀鳍iii-8；胸鳍i-16；腹鳍ii-8。侧线鳞30～45。鳃耙13～18。下咽齿1行，呈臼状。

体长，近圆筒形，腹部圆，无腹棱。口端位，呈弧形，上颌稍长于下颌。吻短，前端圆钝。无须。鳃膜连于峡部。背鳍起点稍前于腹鳍，距吻端与距尾鳍基相等，无硬刺，外缘平直；臀鳍中长，外缘平直，末端不达尾鳍基；腹鳍起点与背鳍第一或第二根分支鳍条相对，鳍条末端距肛门较远；尾鳍浅分叉，上、下叶约等长，末端钝。

体呈青灰色，背部较深，腹部灰白色，鳍均呈黑色。

地理分布 分布广泛，从我国的黑龙江至越南均有分布，我国东部河流和湖泊均较常见。

生态习性 体形大。生长极快，成鱼可达约10～20kg。通常栖息于江河、湖泊、水库等中下层。肉食性，幼鱼主食浮游动物，成鱼主食水域中的软体动物，如螺、蚌等，也食水生昆虫幼虫、糠虾等。具有江湖洄游习性，在流速较快的江河中产卵，产漂浮性鱼卵。通常在河流深处越冬。

经济意义 我国四大家鱼之一，为重要的养殖品种，经济价值高。

资源现状 白洋淀过去曾有记载，但数量少，可能是人为投放的养殖个体（郑葆珊等，1960）。近年来白洋淀流域野外资源调查未曾采集到标本。

（7）草鱼*Ctenopharyngodon idella*（Valenciennes 1844）

分类地位　鲤形目Cypriniformes、鲤科Cyprinidae、雅罗鱼亚科Leuciscinae

地 方 名　草包鱼、厚鱼、鲩、油鲩、草鲩、白鲩、草根、混子

英 文 名　grass carp

同物异名　*Ctenopharingodon idellus*（Valenciennes）

形态特征　背鳍ⅲ-7；臀鳍ⅲ-8；胸鳍ⅰ-16；腹鳍ⅱ-8。侧线鳞40～43。鳃耙14～18。下咽齿2行。

体长形，前部近圆筒形，尾部侧扁，腹部圆，无腹棱。口端位，上颌较下颌稍突出。鳞中大，呈圆形，侧线前部成弧形，后部平直，伸达尾鳍基。胸鳍短，末端钝；背鳍无硬刺，外缘平直，位于腹鳍起点之前；腹鳍向后不达臀鳍；臀鳍位于背鳍的后下方，鳍条末端不伸达尾鳍基；尾鳍浅分叉，上、下叶约等长。

体呈黄褐色，背部青灰色，腹部灰白色。体侧鳞片边缘灰黑色。胸鳍、腹鳍灰黄色，其他鳍浅色。

地理分布　分布广泛，从黑龙江至云南均有分布。

生态习性　大型鱼类。生长极快，3冬龄体长可达420mm以上。生活在平原地区河流、湖泊近岸多水草区域，为中下层鱼，性情较为活泼，游泳迅速。草食性，幼鱼主食浮游动物、水生昆虫、藻类、浮萍等；成鱼到100mm以上开始摄食高等水生植物，其中以禾本科植物为多。具江湖洄游习性，产漂浮性鱼卵。繁殖季节在5～7月。

经济意义　我国四大家鱼之一，为重要的养殖品种，经济价值高。

资源现状　白洋淀流域野外资源调查中，在水库和白洋淀淀区采集到一定量标本，应为人工养殖或人为投放的育苗养殖的物种。

（8）瓦氏雅罗鱼*Leuciscus waleckii*（Dybowski 1869）

分类地位 鲤形目Cypriniformes、鲤科Cyprinidae、雅罗鱼亚科Leuciscinae

地 方 名 滑子鱼、花子鱼、白鱼

英 文 名 Amur ide

同物异名 *Idus waleckii* Dybowski，*Leuciscus mongolicus*（Kessler），*Leuciscus farnumi* Fowler，*Leuciscus brevirostris* Mori，*Leuciscus tumensis* Mori

资料来源：中国水产科学研究院黑龙江水产研究院。

形态特征 背鳍ⅲ-7；臀鳍ⅲ-9；胸鳍ⅰ-16；腹鳍ⅱ-9。侧线鳞48～54。鳃耙10～14。下咽齿2行，咽齿细长，末端弯曲。

体长梭形，侧扁，腹部略圆。头锥形，吻圆钝，吻长大于眼径。口端位，上颌较下颌长，口裂斜。眼大，侧上位，眼间距较平坦。鳞中等大，排列较整齐，腹部鳞片较体侧鳞片小。侧线完全，稍向下弯曲。背鳍短，无硬刺，起点与腹鳍起点相对或略后，位于身体中点或稍后；胸鳍侧下位，后伸不达腹鳍起点；腹鳍后伸不达臀鳍；尾鳍深分叉，上、下叶等长。

体背侧青绿色，向下渐呈银白色，吻端及各鳍淡橘红色，仅尾鳍后缘略带黑边。

地理分布 分布于黄河以北至黑龙江流域的广大山区或海拔较高地区的河流、水库或咸淡水体中。

生态习性 中等个体，中上层鱼类，冬季在深水处越冬。杂食性，以底栖无脊椎动物为食，如桡足类、水生昆虫幼虫等，有时也摄食小鱼、藻类等。繁殖季节在4～5月，不同分布地理种群的繁殖时间略有差异。繁殖期，雄鱼吻部、胸鳍、臀鳍等有明显的珠星，臀鳍条增厚；雌鱼副性征不明显。产黏性卵，产卵场多在水流较急、水质清澈的河段。

经济意义 重要的经济鱼类。

资源现状 北京市重点保护鱼类。近年来白洋淀流域野外资源调查未采集到标本。

（9）鳤*Ochetobius elongatus*（Kner 1867）

分类地位　鲤形目Cypriniformes、鲤科Cyprinidae、雅罗鱼亚科Leuciscinae

地 方 名　刁子、尖嘴鳤、麦秆刁、昌刁、刁杆

同物异名　*Opsarius elongatus* Kner

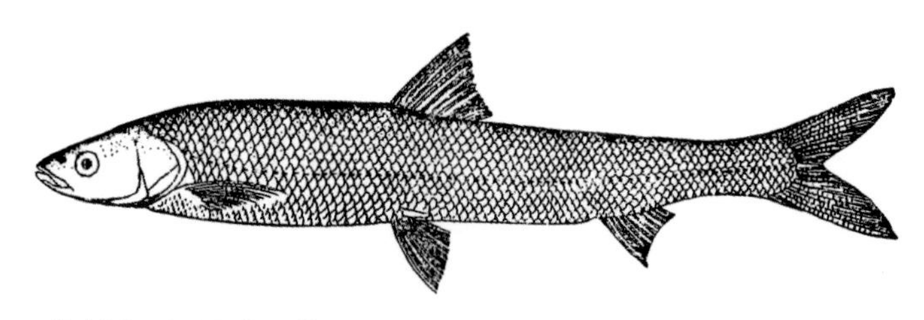

资料来源：郑葆珊等，1960。

形态特征　背鳍ⅲ-9～10；臀鳍ⅲ-9～10；胸鳍ⅰ-16，腹鳍ⅱ-9～10。侧线鳞68～70。鳃耙29～32。下咽齿3行。

体细长，呈圆筒状，腹部圆。头短，稍侧扁，呈锥状。口小，近端位，口裂较平直，上颌略长于下颌，上颌末端可达鼻孔和眼前缘之前下方。眼稍大，侧上位。鳞片细小，腹鳍基部每侧具向后延伸的腋鳞。侧线平直，位于体侧中央向后伸达尾鳍基。背鳍无硬刺，外缘稍凹，其起点约与腹鳍起点相对；胸鳍尖形，较短；臀鳍短，离背鳍较远，外缘凹入，末端至尾鳍基的距离稍大于臀鳍基长；腹鳍短，末端至臀鳍起点的距离大于腹鳍长，尾鳍深分叉，上、下叶尖形，约等长。

体背及体侧深灰色，腹部银白色。背鳍、臀鳍、尾鳍带淡黄色，尾鳍边缘黑色。

地理分布　分布于长江及以南水系。

生态习性　较大体形，性情较温和。有江湖洄游产卵习性，性成熟年龄3～5年，性成熟个体每年4～6月洄游到江河激流中繁殖，每年7～9月进入湖泊育肥。肉食性，主要以水生无脊椎动物为食，也捕食一些小型鱼类。

经济意义　个体较大，肉质鲜美，经济价值较高。

资源现状　2016年列入《我国脊椎动物红色名录》，为极度濒危物种。20世纪50年代在白洋淀曾有记录采集到该物种，应是从长江运来的鱼苗中携带进入白洋淀的外来种（郑葆珊等，1960）。近年来，白洋淀流域野外资源调查中未曾采集到标本。

（10）鳡*Elopichthys bambusa*（Richardson 1845）

分类地位　鲤形目Cypriniformes、鲤科Cyprinidae、雅罗鱼亚科Leuciscinae
地 方 名　猴鱼、黄钻、大口鳡、竿鱼、鳏
英 文 名　yellow cheek carp
同物异名　*Leuciscus bambusa* Richardson

形态特征　背鳍ⅲ-9～10，臀鳍ⅲ-10～11，胸鳍ⅰ-10，腹鳍ⅱ-7。侧线鳞113～116。下咽齿3行。

体长，稍侧扁，背缘平直，腹部圆。头尖长，呈锥形。眼小，侧上位。口端位，上、下颌等长。下颌中间有一角质突起，与上颌凹陷部吻合，口裂大，延伸至眼中央下方。鳞小，侧线呈弧形，位于体之下半部，向后伸至尾柄正中。背鳍位于腹鳍基之后，外缘凹入；臀鳍位于背鳍的后下方，外缘深凹；胸鳍尖形，末端至腹鳍起点的距离或短于胸鳍长；腹鳍位于背鳍之前，末端至臀鳍起点的距离或等于腹鳍长；尾鳍深分叉，下叶略长于上叶，末端尖形。

体背及体侧灰黑色，腹侧银白色。背鳍、尾鳍深灰色，其余鳍及峡部呈黄色，尾鳍边缘黑色。

地理分布　分布广泛，北自黑龙江南至珠江流域的平原地区各水系均有分布。

生态习性　大型鱼类。生长迅速，最大个体可达2m，重达90kg。喜在江河、湖泊的中上层活动，游泳能力极强。为凶猛性鱼类，行动敏捷，常袭击和追捕其他鱼类，属于典型的掠食性肉食性鱼类。性成熟为3～4龄，具江湖洄游习性，每年的4～6月，亲鱼溯河到江河激流中产卵。幼鱼从江河回到附属湖泊中摄食、育肥。秋末以后，幼鱼和成鱼又到河流深处越冬。

经济意义　个体大，肉质鲜美，重要的经济鱼类。

资源现状　近年来偶尔在白洋淀淀区采集到少量标本，应为养殖品种逃逸。

（11）鯮*Luciobrama macrocephalus*（Lacepède 1803）

分类地位　鲤形目Cypriniformes、鲤科Cyprinidae、雅罗鱼亚科Leuciscinae

地 方 名　尖头鳡、鸭嘴鳡

英 文 名　long spiky head carp

同物异名　*Synodus macrocephalus* Lacepède

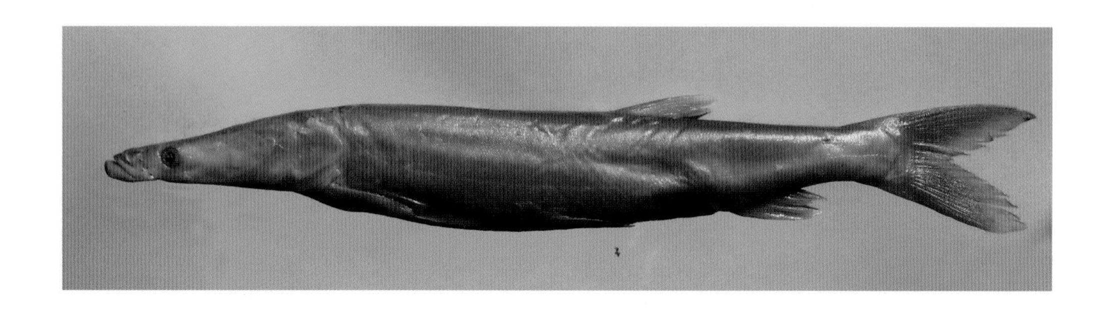

形态特征　背鳍ⅲ-8；臀鳍ⅲ-9～10；胸鳍 ⅰ-15；腹鳍ⅱ-8。侧线鳞146。下咽齿1行。

体细长，略呈圆筒形，后部稍侧扁。头细长，前部稍呈管状，顶部较平，眼后部较侧扁。吻部平扁似鸭嘴形。口较小，上位，下颌向上倾斜，长于上颌。眼小，位于头侧上方，明显近吻端，眼间距平坦。鳞片细小为六角形。侧线完全，前段微弯曲，向后延伸至尾柄中间。背鳍位于身体后部，背鳍前长约为体长的2/3处，其起点在腹鳍后上方；胸鳍较短小；尾鳍分叉深，下叶稍长于上叶。

体青灰色，腹部银白色；胸鳍淡红色，背鳍、腹鳍和臀鳍灰白色，尾鳍后缘微黑色。

地理分布　我国特有物种，分布于长江至珠江各水系。

生态习性　较大体形，成鱼约3～5kg。喜在江河或湖泊的中下层活动，游泳能力强，矫健凶猛。肉食性，幼鱼阶段摄食枝角类、鱼苗等，成鱼觅食小鱼。5龄以上性成熟，繁殖季节在4～7月，具江湖洄游产卵习性，成熟亲鱼春季上溯至江流水流湍急的河段繁殖，幼鱼期至湖泊中生长。

经济意义　经济价值高。

资源现状　国家二级保护野生动物。白洋淀流域未采集到标本，过去曾记载应为引进种（王鸿媛，1994）。

（12）赤眼鳟*Squaliobarbus curriculus*（**Richardson 1846**）

分类地位　鲤形目Cypriniformes、鲤科Cyprinidae、雅罗鱼亚科Leuciscinae

地 方 名　红眼鱼、参鱼、马棍、鳟条、红眼鳟子

英 文 名　barbel chub

同物异名　*Leuciscus curriculus* Richardson

形态特征　背鳍iii-7；臀鳍iii-7～8；胸鳍 i-14～16；腹鳍 ii-8。侧线鳞45～47。鳃耙10～14。下咽齿3行。

体长，前部近圆筒形，尾部侧扁，背缘平直，腹部无腹棱。口端位，上、下颌约等长，口裂弧形。上颌具须2对，细而短小。吻钝。眼位于头侧且高。鳞中大，侧线弧形，行于体之下半部，向后伸达尾柄正中。背鳍外缘平直；胸鳍短，尖形；腹鳍位于背鳍的下方，鳍条末端离肛门颇远；臀鳍短，位于背鳍的后下方；尾鳍分叉较浅，上、下叶约等长。

体背侧青灰色，腹部银白色。鳃盖黄色，眼的上缘具一红色斑块。侧线以上的每一鳞片基部有一黑点，列成纵行。背鳍、尾鳍深灰色，其他鳍浅灰色。

地理分布　分布广泛，北自黑龙江南至珠江流域均有分布，我国东部河流和湖泊均较常见。

生态习性　中大型鱼类。在静水和流水的中下层活动，多喜活动在通湖的河口附近，不结群。杂食性，主食水生昆虫、鱼类，也吃丝状藻和水生植物。

经济意义　肉质鲜美，重要的经济鱼类。

资源现状　近年来，白洋淀流域野外资源调查未曾采集到标本。

（13）似鱎*Toxabramis swinhonis* Günther 1873

分类地位　鲤形目Cypriniformes、鲤科Cyprinidae、鲌亚科Cultrinae

地 方 名　刺鳊、锯鲦、柳叶鱼、柳叶黄瓜鱼、白条、餐条

形态特征　背鳍iii-7；臀鳍iii-16～19；胸鳍 i-11～12；腹鳍 ii-7。侧线鳞58～64。鳃耙28～32。下咽齿2行。

体延长，甚侧扁，自峡部至肛门具腹棱；头短而侧扁，头背平直。吻短，稍尖。口小，端位，口裂斜。眼中等大，眼径大于吻长；眼间距微隆起。体被圆鳞，鳞薄，中大，极易脱落。侧线自头后向下倾斜，至胸鳍后部突然弯折成与腹部平行，行于体之下半部，至臀鳍基后端又折而向上，伸至尾柄中央。背鳍位于腹鳍基后上方，外缘平直，末根不分支鳍条为硬刺，后缘具锯齿；胸鳍末端尖形；腹鳍短，位于背鳍起点之前；臀鳍位于背鳍基后下方，外缘微凹；尾鳍深分叉，下叶长于上叶，末端尖形。

体呈银色。体侧自头后至尾鳍基常有1条暗色纵带，各鳍颜色浅，为灰白色。

地理分布　分布广泛，在我国东部地区各大水库、湖泊等均有分布。

生态习性　小型鱼类。喜在江河、湖泊等大水面缓流或静水敞开水域上层集群活动，游泳迅速。杂食性，主要以枝角类、藻类、水生昆虫幼虫为食。性早熟鱼类，1冬龄即达性成熟，繁殖季节在6～7月。

经济意义　个体较小，种群数量不多，经济价值不大。

资源现状　在白洋淀流域内的水库和白洋淀淀区，种群数量不多，为一般物种。

（14）鳌*Hemiculter leucisculus*（Basilewsky 1855）

分类地位　鲤形目Cypriniformes、鲤科Cyprinidae、鲌亚科Cultrinae

地 方 名　黄瓜鱼、餐条、白条

英 文 名　sharpbelly

同物异名　*Culter leucisculus* Basilewsky

形态特征　背鳍ⅲ-7；臀鳍ⅲ-10～14；胸鳍ⅰ-12～13；腹鳍ⅱ-7～8。侧线鳞45～52。鳃耙16～20。下咽齿3行，咽齿末端呈钩状。

体侧扁，背缘略平直，腹缘略呈弧形，自胸鳍基下方至肛门具腹棱。头略尖，侧扁，吻短。鳞中大，薄而易脱落。侧线完全，自头后向下倾斜至胸鳍后部弯折成与腹部平行，行于体之下半部，在臀鳍基部末端又折而向上，伸入尾柄正中。背鳍位于腹鳍之后，末根不分支鳍条为光滑的硬刺；胸鳍尖形，末端不伸达腹鳍起点；腹鳍位于背鳍起点之前，其长短于胸鳍，末端距肛门颇远；臀鳍位于背鳍的后下方，外缘凹入；尾鳍深分叉，下叶稍长于上叶，末端尖形。

体背部青灰色，腹侧银色，尾鳍边缘灰黑，其他各鳍浅灰白色。繁殖季节，雄鱼头部出现白色珠星。

地理分布　分布广泛，我国各大水库、湖泊等静水水域均有分布。

生态习性　中小型鱼类。为上层鱼类，喜在江河、湖泊等大水面缓流或静水等敞开水域集群活动，尤其是在春末夏初的清晨和傍晚时，常群游于水面，平时多栖息于水草多的宽水面内，游泳迅速。产卵期为6～8月，产黏性卵，受精卵粘附于水草或砾石上发育。杂食性，主要食物为高等水生植物的碎片、藻类，也摄食水生昆虫的幼虫和枝角类。

经济意义　数量多，具一定的经济价值。

资源现状　在白洋淀流域内的水库和白洋淀淀区为极常见种。

（15）贝氏䱗*Hemiculter bleekeri* Warpachowsky 1888

分类地位　鲤形目Cypriniformes、鲤科Cyprinidae、鲌亚科Cultrinae

地 方 名　油䱗鲦、柳叶鱼、柳叶黄瓜鱼、白条、贝氏餐条

英 文 名　sharpbelly

形态特征　背鳍iii-7；臀鳍iii-12～15；胸鳍i-12～14；腹鳍ii-8。侧线鳞42～48。鳃耙19～28。下咽齿3行。

体延长，侧扁，背腹缘略呈弧形，腹部自胸鳍基部下方至肛门具腹棱。鳞中大，薄而易脱落。侧线完全，自头后和缓向下，呈深弧形，与腹部轮廓平行于体之下半部，至臀鳍基后上方又折而向上，伸入尾柄正中。鳔2室，后室长，末端尖。背鳍位于腹鳍之后，外缘平直或微凸，末根不分支鳍条为光滑的硬刺；臀鳍位于背鳍的后下方，外缘微凹；胸鳍尖形，末端不伸达腹鳍起点；腹鳍短，其长与胸鳍等长，末端距臀鳍起点颇远；尾鳍分叉深，下叶稍长于上叶，末端尖形。

体背灰色，体侧和腹部呈银白色，鳍均呈浅灰色。

地理分布　分布广泛，我国东部湖泊、水库等水域均有分布。

生态习性　小体形。属于上层鱼类，喜集群，常在江河、湖泊等大水面缓流或静水等敞开水域的浅水岸活动，游泳迅速。杂食性，以水生昆虫幼虫为食，有时摄食高等水生植物的碎片、浮游动物、枝角类、桡足类等。繁殖季节为5～6月，产卵时成群在流水中逆水跳跃，产漂浮性卵。

经济意义　数量多，分布广，具有一定的经济价值。

资源现状　在白洋淀流域的水库和白洋淀淀区为常见种。

（16）红鳍鲌*Chanodichthys erythropterus*（Basilewsky 1855）

分类地位　鲤形目Cypriniformes、鲤科Cyprinidae、鲌亚科Cultrinae

地 方 名　翘嘴鲌、鲢子、撅嘴鲢子、鲶子、白鱼、短尾鲌

英 文 名　redfin culter，predatory carp

同物异名　*Culter erythropterus* Basilewsky，*Cultrichthys erythropterus*（Basilewsky），*Culter ilishaeformis* Bleeker，*Erythroculter ilishaeformis*（Bleeker）

形态特征　背鳍ⅲ-7；臀鳍ⅲ-24～29；胸鳍ⅰ-14～15；腹鳍ⅱ-8。侧线鳞60～68。鳃耙25～29。下咽齿3行。

体长，侧扁，头后背部显著隆起，自腹部在腹鳍基部处常凹入，自腹鳍基下方至肛门具腹棱。口小，口上位，口裂近垂直，下颌厚，突出于上颌。眼较大，侧上位；眼间距较宽，微圆突。体鳞较易脱落。侧线完整，前部略呈弧形下弯，后端较平直。鳔3室。背鳍起点至尾鳍基较至吻端为近，末根不分支鳍条为光滑的硬刺；胸鳍后端尖，后伸达或超过腹鳍起点；腹鳍起点位于背鳍起点之前，后伸不达臀鳍起点；肛门紧邻臀鳍起点；臀鳍基长，外缘平截；尾鳍深分叉，下叶略长于上叶，末端尖。

体背上侧青灰色，体侧和腹侧银白色，背鳍和尾鳍上叶与背部颜色相同。鳞的边缘有黑色缘。腹鳍、臀鳍和尾鳍下叶带橘红色，虹膜银白色，但具有弱黄色。生殖期颜色较深。在产卵期，雌性的颜色较雄性的颜色深。

地理分布　分布广泛，我国东部北自黑龙江南至海南的河流、湖泊、水库等水系均有分布。

生态习性　体形中等大。为上层鱼类，喜在江河、湖泊等大水面缓流或静水等敞开水域活动。肉食性，幼鱼以枝角类、桡足类、水生昆虫等为食，成鱼捕食其他鱼类和虾等。在7～8月涨水季节繁殖，产浮性卵。

经济意义　生长很快，个体大，经济价值较高。

资源现状　在白洋淀流域内水库和白洋淀淀区内为常见种。

（17）北京鳊*Parabramis pekinensis*（Basilewsky 1855）

分类地位	鲤形目Cypriniformes、鲤科Cyprinidae、鲌亚科Cultrinae
地 方 名	鳊、鲂、鳊鱼、长春鳊
英 文 名	white amur bream，freshwater bream
同物异名	*Abramis pekinensis* Basilewsky，*Leuciscus bramula* Valenciennes

形态特征 背鳍iii-7；臀鳍iii-28～34；胸鳍 i-17～18；腹鳍 ii-8。侧线鳞54～58。鳃耙15～19。下咽齿3行。

体高，侧扁，呈长菱形，背部窄，头后背部隆起。头小。口端位，上颌稍长于下颌。鳞中等大，腹鳞较体侧鳞小。侧线平直，约位于体侧中央，向后伸达尾鳍基。从峡部至肛门具明显的腹棱。背鳍位于腹鳍基的后上方，末根不分支鳍条为光滑硬刺；胸鳍末端稍尖，一般不伸达腹鳍起点；腹鳍位于背鳍前下方，后伸不达肛门；臀鳍基长，外缘微凹，起点与背鳍基末端相对；尾鳍深分叉，下叶略长于上叶，末端尖形。

体背和体侧青灰色，腹侧银白色，各鳍呈灰色，鳍的边缘部分均呈灰黑色。

地理分布 主要分布于我国的白洋淀、滦河、潮白河等水域。

生态习性 中等体形。为中下层鱼。喜栖息于沉水植物多的宽敞清水中，幼鱼多生活在浅水湖泊、洼淀。草食性，幼鱼主要摄食浮游动物和藻类，主要有枝角类、桡足及水生昆虫的幼虫，还有少量水生植物碎片；成鱼以高等水生植物为主，也摄食少量藻类或轮虫等浮游生物。6～8月为繁殖季节，卵产在流水里，为浮性卵。

经济意义 个体较大，体重可达200g。脂肪含量很高，肉质好，经济价值很高。

资源现状 近年来在白洋淀流域野外资源调查中未采集到标本。

（18）寡鳞飘鱼*Pseudolaubuca engraulis*（Nichols 1925）

分类地位　鲤形目Cypriniformes、鲤科Cyprinidae、鲌亚科Cultrinae

地 方 名　餐条、白条

同物异名　*Hemiculterella engraulis* Nichols，*Pseudolaubuca setchuanensis* Tchang，*Pseudolaubuca shawi* Tchang，*Parapelecus oligolepis* Wu & Wang，*Hemiculterella kaifenensis* Tchang，*Pseudolaubuca angustus* Kimura

形态特征　背鳍iii-7；臀鳍iii-22；胸鳍 i-14～16；腹鳍 ii-8。侧线鳞49～54。鳃耙10～13。下咽齿3行。

体长而侧扁，头后背部缓隆起，腹部圆；胸鳍基下方至肛门具腹棱，尾柄较短。头小，吻短钝。口上位，口裂近垂直。眼大，侧位；眼间距较宽，微圆突。体鳞稍大，鳞片较易脱落。侧线完整，前部下弯，后段较平直。鳔3室，中室最大，后室最小。背鳍起点至尾鳍基较至吻端为近，末根不分支鳍条为光滑硬刺；胸鳍后端尖，后伸达或超过腹鳍起点，基部内侧肉质瓣发达，其长等于或大于眼径；腹鳍起点位于背鳍起点之前，后伸不达臀鳍起点；肛门紧邻臀鳍起点；臀鳍基长，外缘平截或微凹；尾鳍深分叉，下叶略长于上叶，末端尖。

体背侧青灰色，腹侧银白色，背鳍和尾鳍浅灰色，胸鳍、腹鳍和臀鳍有时略带橘红色或灰白色。

地理分布　我国东部自黑龙江流域至南部的海南岛流域。

生态习性　中等体形。喜在河流、湖泊等大水面缓流或静水敞开水域的上层活动。成鱼主要捕食小鱼、小虾，幼鱼以枝角类、桡足类、水生昆虫幼虫为食。春季繁殖，产黏性卵。

经济意义　数量少，经济价值不大。

资源现状　近年来在白洋淀流域野外资源调查中未曾采集到标本。

（19）银飘鱼*Pseudolaubuca sinensis* Bleeker 1864

分类地位　鲤形目Cypriniformes、鲤科Cyprinidae、鲌亚科Cultrinae

地 方 名　白鱼

同物异名　*Parapelecus argenteus* Günther，*Parapelecus machaerius* Abbott，*Parapelecus nicholsi*（Fowler），*Parapelecus fukiensis* Nichols，*Parapelecus tungchowensis* Tchang

形态特征　背鳍iii-7；臀鳍iii-21～26；胸鳍 i-13；腹鳍 ii-8。侧线鳞65～72。鳃耙12～15。下咽齿3行。

体长，侧扁，背部平直。口端位，口裂向上垂直。下颌有一突起与上颌中央的凹陷相吻合。鼻孔位于吻端和眼前缘之间。侧线完整，在胸鳍上方急速向下弯曲，延伸至身体下方与腹部平行，至尾柄处再向上弯而转入尾柄中央。腹棱自峡部延伸至肛门。鳔2室。背鳍起点位于从鳃盖后缘至尾鳍基的中央处；胸鳍后端尖，后伸不达过腹鳍起点；腹鳍起点位于背鳍起点之前，后伸不达臀鳍起点；臀鳍起点在背鳍最末分支鳍条的下方；尾鳍深分叉，下叶略长于上叶，末端尖。

体背侧灰褐色，腹侧银白色。胸鳍、腹鳍淡黄色，其他各鳍灰黑色。

地理分布　分布广泛，辽宁以南至湖南等均有分布。

生态习性　喜成群在水面上飘游，故有飘鱼之称。杂食性。不同水域的食物种类不同，包括枝角类、桡足类等甲壳动物，还摄食高等水生植物碎屑以及丝状藻等，有时摄食其他小型鱼类或幼鱼。繁殖季节在5～6月。

经济意义　数量少，经济价值不大。

资源现状　近年来在白洋淀流域野外资源调查中未曾采集到标本。

（20）鲌*Culter alburnus* Basilewsky 1855

分类地位 鲤形目Cypriniformes、鲤科Cyprinidae、鲌亚科Cultrinae

别 名 红鳍原鲌、翘嘴红鲌、翘嘴鲌、大白鱼

英 文 名 predatory carp，redfin culter

形态特征 背鳍ⅲ-7；臀鳍ⅲ-27～30；胸鳍ⅰ-16～17；腹鳍ⅱ-8。侧线鳞80～92。鳃耙24～28。下咽齿3行。

体形长，侧扁，背缘较平直，腹部在胸鳍基部至肛门具腹棱，尾柄较长。吻稍尖。口上位，口裂几与体轴垂直，下颌厚而上翘，突出于上颌之前。眼中等大，侧上位；眼间距较窄，微凸。鳞较小，背部鳞较体侧小。侧线前部浅弧形，后部平直，伸达尾鳍基部。背鳍位于腹鳍基的后下方，外缘斜直，末根不分支鳍条为光滑的硬刺；胸鳍较短，尖形，末端不达腹鳍起点；腹鳍位于背鳍前下方；臀鳍位于背鳍的后下方，外缘凹入；尾鳍深分叉，下叶稍长于上叶，末端尖形。

背部灰黄色，有时为灰绿色，背鳍和尾鳍上叶和背部同色。背侧和腹面银白色，胸鳍带黄色，腹鳍和臀鳍有时带深玫瑰色。虹膜银白色，有时稍带黄色。下颌末端有时带红色。雄性个体带婚姻色。背面、背鳍和尾鳍上叶几乎成黑色，体侧鳞边缘出现细的暗色环。颊部出现金黄色，腹鳍和臀鳍边缘出现黑色素。

地理分布 分布广泛，我国东部北自黑龙江流域南至珠江流域均有分布。

生态习性 较大体形。为中上层鱼类，喜在湖泊、水库等缓流或静水敞开的大水面活动。凶猛浮性肉食鱼类，成鱼主要摄食其他鱼类、虾类，幼鱼以枝角类、甲壳类、昆虫等为食。繁殖季节在5～7月，产黏性卵。

经济意义 肉质细腻，味道鲜美，经济价值较高。

资源现状 白洋淀流域中的水库及白洋淀淀区具一定种群数量，为常见种。

（21）蒙古鲌*Chanodichthys mongolicus*（Basilewsky 1855）

分类地位　鲤形目Cypriniformes、鲤科Cyprinidae、鲌亚科Cultrinae

地 方 名　红梢、刀鱼、翘嘴

英 文 名　Mongolian redfin

同物异名　*Leptocephalus mongolicus* Basilewsky，*Culter mongolicus*（Basilewsky），*Erythroculter mongolicus*（Basilewsky）

形态特征　背鳍ⅲ-7；臀鳍ⅲ-18～22；胸鳍ⅰ-14～15；腹鳍ⅱ-8。侧线鳞69～77。鳃耙18～21。下咽齿3行。

体长侧扁，头部背面平坦，头后背部隆起，自腹鳍基至肛门具腹棱，尾柄较长。头小。吻略尖，稍长。口近端位，下颌略长于上颌，口裂斜，后端伸至鼻孔后缘下方。眼稍小，位于头侧前半部；眼间距较宽，圆突。体鳞小，较易脱落。侧线完整，前部略呈弧形下弯，后端较平直。鳔3室。背鳍起点距尾鳍基较至吻端近，末根不分支鳍条为光滑的硬刺；胸鳍后端尖，后伸不达腹鳍起点；腹鳍起点位于背鳍起点之前，后伸不达臀鳍起点；肛门紧邻臀鳍起点；臀鳍基长，外缘平截；尾鳍深分叉，下叶略长于上叶，末端尖。

体背上侧浅褐色，腹侧银白色，臀鳍上叶淡黄色，下叶鲜红色，胸鳍、腹鳍淡黄色。

地理分布　分布广泛，我国东部北自黑龙江南至海南的河流、湖泊、水库等水系均有分布。

生态习性　体形中等。为上层鱼类，喜在江河、湖泊等大水面缓流或静水敞开水域活动。肉食性。幼鱼以枝角类、桡足类、水生昆虫等为食，成鱼捕食其他鱼类和虾等。在5～7月繁殖，产黏性卵。

经济意义　重要食用鱼类，经济价值高。

资源现状　近年来在白洋淀流域野外资源调查中未曾采集到标本。

（22）戴氏鲌*Chanodichthys dabryi*（Bleeker 1871）

分类地位　鲤形目Cypriniformes、鲤科Cyprinidae、鲌亚科Cultrinae

地 方 名　青梢红鲌、青梢、达氏鲌、翘嘴、刀鱼

英 文 名　humpback

同物异名　*Culter dabryi* Bleeker，*Erythroculter dabryi*（Bleeker）

形态特征　背鳍iii-7；臀鳍iii-24～29；胸鳍 i-14～15；腹鳍 ii-8。侧线鳞64～70。鳃耙20～23。下咽齿3行。

体长侧扁，头后背部隆起，自腹鳍基至肛门具腹棱，尾柄较短。头小，吻钝。口亚上位，下颌略长于上颌，口裂斜。体鳞稍大，较易脱落。侧线完整，前部略呈弧形下弯，后端较平直。鳔3室。背鳍起点至尾鳍基较至吻端为近，末根不分支鳍条为光滑的硬刺；胸鳍后端尖，后伸达或超过腹鳍起点；腹鳍起点位于背鳍起点之前，后伸近臀鳍起点；肛门紧邻臀鳍起点；臀鳍基长，外缘平截；尾鳍分叉，下叶略长于上叶，末端尖。

体背上侧深灰褐色，腹侧银白色，各鳍淡色。雄鱼在繁殖季节，头部具有白色珠星，胸鳍不分支鳍条更为明显。

地理分布　分布广泛，我国东部北自黑龙江南至海南的河流、湖泊、水库等水系均有分布。

生态习性　为上层鱼类，喜在江河、湖泊水深1m左右的浅水区，常潜伏于繁茂的水草丛中。肉食性，幼鱼以枝角类、桡足类、水生昆虫等为食；成鱼捕食小鱼和小虾等。在5～7月繁殖，产黏性卵。

经济意义　重要食用鱼类，经济价值高。

资源现状　近年来在白洋淀流域野外资源调查中未曾采集到标本。

（23）尖头鲌*Chanodichthys oxycephalus*（Bleeker 1871）

分类地位　鲤形目Cypriniformes、鲤科Cyprinidae、鲌亚科Cultrinae

地 方 名　红梢鳊

同物异名　*Culter oxycephalus* Bleeker，*Erythroculter oxycephalus*（Bleeker）

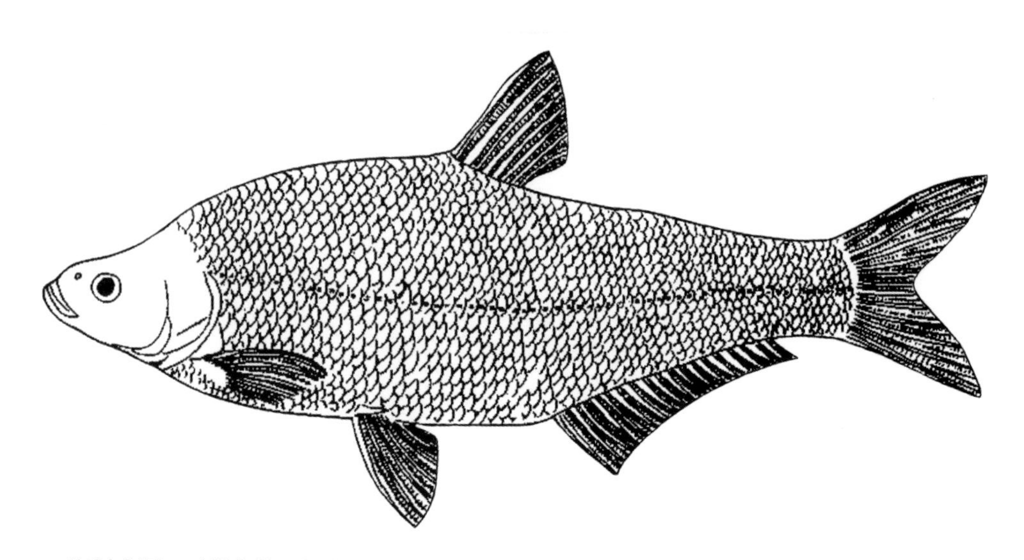

资料来源：王所安等，2001。

形态特征　背鳍ⅲ-7；臀鳍ⅲ-26；胸鳍ⅰ-14～15；腹鳍ⅱ-8。侧线鳞64～68。鳃耙22～23。下咽齿3行。

体长侧扁，头后背部隆起，自腹鳍基至肛门具腹棱。头小，吻尖。口亚上位，下颌略长于上颌，口裂斜。侧线完整，较平直。鳔3室。背鳍起点位于身体中部，末根不分支鳍条为光滑的硬刺；胸鳍后端尖，后伸不达腹鳍起点；腹鳍起点位于背鳍起点之前，后伸近臀鳍起点；肛门紧邻臀鳍起点；臀鳍基长，外缘平截；尾鳍分叉，末端尖。

体背部灰褐色，体侧为银灰色，腹侧银白色，尾鳍上叶呈橘红色，有黑色边缘，其他各鳍淡色。

地理分布　分布广泛，我国东部北自黑龙江流域南至长江流域的河流、湖泊、水库等水系均有分布。

生态习性　生活习性与戴氏鲌相似。上层鱼类，以枝角类、桡足类、水生昆虫、小鱼和小虾为食。春季繁殖，产黏性卵。

经济意义　具有一定的经济价值。

资源现状　近年来在白洋淀流域野外资源调查中未曾采集到标本。

（24）三角鲂*Megalobrama terminalis*（Richardson 1846）

分类地位 鲤形目Cypriniformes、鲤科Cyprinidae、鲌亚科Cultrinae

地 方 名 三角鳊

英 文 名 black Amur bream

同物异名 *Abramis terminalis* Richardson，*Megalobrama hoffmanni* Herre & Myers

形态特征 背鳍iii-7；臀鳍iii-25～29；胸鳍 i-17～19；腹鳍 i-8。下咽齿3行。侧线鳞56～61。

体侧扁而高，呈菱形。头后背部隆起显著。腹鳍基至肛门具腹棱。侧线完全，平直，位于体侧中下部。头短小，口端位，口裂狭窄，上、下颌等长，具发达角质缘。鳔3室，前室最大，中室为圆锥形，后室最小。背鳍起点位于身体最高处，其起点距吻端较距尾鳍基近，末根不分支鳍条为光滑硬刺；胸鳍末端达或超过腹鳍基；腹鳍起点位于胸鳍起点之前，末端不达臀鳍起点；臀鳍基长，其起点在背鳍基末端正下方；尾鳍深分叉，上、下叶约等长。

体背侧呈灰黑色，腹部银白色，每个鳞片后缘颜色较深，各鳍呈灰色。繁殖季节，雌、雄鱼均出现珠星，但雄鱼较为密集，雌鱼胸鳍鳍条上不出现珠星。

地理分布 分布广泛，我国东部地区北自黑龙江流域南至海南等水系均有分布。

生态习性 个体大。为中下层鱼类，喜栖息于底质为淤泥、生有沉水植物和淡水壳菜的湖泊、水库等敞开静水环境。冬季到深水处的石隙中越冬。幼鱼以甲壳动物、水生昆虫的幼虫为食；成鱼食性发生改变，以水生植物为食。繁殖季节在5～6月。性成熟鱼集群到流水的地方繁殖。

经济意义 重要的养殖鱼类，经济价值高。

资源现状 近年来在白洋淀流域野外资源调查中未采集到标本。

（25）团头鲂*Megalobrama amblycephala* Yih 1955

分类地位　鲤形目Cypriniformes、鲤科Cyprinidae、鲌亚科Cultrinae
地 方 名　团头鳊、武昌鱼
英 文 名　Wuchang bream
同物异名　*Megalobrama amblvcephala* Yih

形态特征　背鳍ⅲ-7；臀鳍ⅲ-25～30；胸鳍ⅰ-17～19；腹鳍ⅰ-8。下咽齿3行，齿端呈钩状。鳃耙12～16。侧线鳞50～56。

体侧扁而高，呈长菱形。头小而短，口端位，口裂较宽，上、下颌等长，具角质边缘。腹棱从腹鳍基至肛门。鳞片中等大。侧线完全，位于体侧中部下方。鳔3室，前室为圆筒状，中室最大，呈圆锥形，后室最小。腹膜灰色或近黑色。背鳍位于身体最高处，末根不分支鳍条为光滑的硬刺；胸鳍末端接近腹鳍基；腹鳍不达肛门；臀鳍起点在背鳍基之后，无硬刺；尾鳍深分叉。

体呈灰黑色，体背带有黄色，各鳍呈灰色。体侧各鳞片基部灰白色，边缘灰黑色，因而整体是体侧沿纵列鳞出现数条灰白色纵纹。

地理分布　我国主要分布于梁子湖、东湖、鄱阳湖等长江附属水体。

生态习性　体形大。喜栖息于湖泊、水库等静水环境，平时栖息于底质为淤泥的中下层水域。冬季到深水处越冬。幼鱼以甲壳动物为食，也摄食高等水生植物嫩叶，成鱼食性发生改变，以水生植物为食。繁殖季节为5～6月。性成熟雌鱼的卵巢一般发育到Ⅲ期越冬，并持续至翌年4月初才进入Ⅳ期。性成熟的雌、雄鱼均有珠星出现。产卵对水流要求不甚严格。产卵活动多在夜间进行。

经济意义　重要的养殖鱼类，经济价值高。

资源现状　在白洋淀采集到少量个体，应为人工养殖逃逸。

（26）细鳞斜颌鲴*Plagiognathops microlepis*（Bleeker 1871）

分类地位	鲤形目Cypriniformes、鲤科Cyprinidae、鲴亚科Xenocyprinae
地 方 名	细鳞鲴、黄尾巴、鲴
英 文 名	smallscale yellowfin
同物异名	*Xenocypris microlepis*（Bleeker），*Plagiognathus jelskii* Dybowski

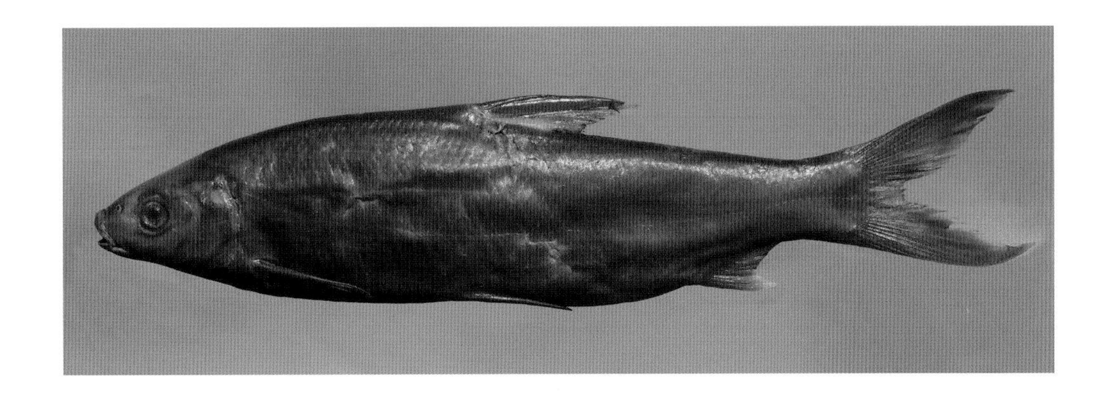

形态特征 背鳍ⅲ-7；臀鳍ⅲ-11～14；胸鳍ⅰ-15～16；腹鳍ⅱ-8～9。侧线鳞75～81。鳃耙39～48。下咽齿3行。

体延长，侧扁。腹鳍基至肛门具腹棱。头小，吻钝。口小，下位，下颌前缘具薄的角质边缘。眼较小，鼻孔前方有一凹陷处。鳞细小。侧线完全，前段向腹部微弯，向后延伸至尾柄正中。鳔2室，后室延长，约为前室的3倍。背鳍起点位于身体的最高处，约与腹鳍起点相对或稍前；腹鳍基部具有2～3片狭长的腋鳞；臀鳍起点距离尾鳍基至腹鳍基的距离为近；尾鳍深叉形，上、下叶约等长。

体背侧灰褐色至灰黑色，腹部白色，背鳍灰黄色，臀鳍和偶鳍淡黄色，尾鳍橘黄色，后缘为黑色。

地理分布 分布广泛，我国自北部黑龙江流域至南部珠江流域均有分布。

生态习性 中等体形。为中下层鱼类，喜栖息于水流较急的地方。常以下颌的角质边缘刮取食物。以植物性饵料为主，如摄食硅藻、蓝藻、绿藻，也摄食高等水生植物的枝叶，偶尔摄食浮游动物如枝角类、桡足类，或水生昆虫。有溯河至急流产卵的习性，产黏性卵，繁殖期在6～7月。

经济意义 生长速度快，食用价值高。

资源现状 近年来在白洋淀流域野外资源调查中未采集到标本。

（27）银鲴*Xenocypris macrolepis* Bleeker 1871

分类地位　鲤形目Cypriniformes、鲤科Cyprinidae、鲴亚科Xenocyprinae

地 方 名　红鳃、密鲴、白尾、大鳞鲴

英 文 名　yellowfin

同物异名　*Xenocypris argentea* Günther

形态特征　背鳍ⅲ-7～8；臀鳍ⅲ-8～10；胸鳍ⅰ-15～16；腹鳍ⅱ-8～9。侧线鳞54～64。鳃耙40～44。下咽齿3行。

体侧扁，呈纺锤形。腹部无腹棱，如有腹棱，也超不过腹鳍基至肛门之间距离的1/4。头小，吻短、钝。口下位，下颌前缘形成薄角质边缘。眼位于头侧前部，眼后头长大于吻长，眼间距大于眼径。体鳞小。侧线完全，在胸鳍上方略下弯，向后深入尾柄中央。鳔2室，后室约为前室的2倍左右。背鳍起点约与腹鳍起点相对，或稍前，其距吻端较至尾鳍基距离为近，末根不分支鳍条为光滑的硬刺；胸鳍末端尖，后伸不达腹鳍起点；腹鳍起点约位于胸鳍起点至臀鳍起点的中点；肛门紧靠臀鳍起点；腹部无腹棱或在肛门前有很短的腹棱；臀鳍起点距尾鳍基较距腹鳍起点的距离为近，其末端不达尾鳍基；尾鳍分叉较深。

背部灰黑色，腹部银白色。鳃盖膜后缘有橘黄色斑块。胸鳍、腹鳍、臀鳍基呈浅黄色，背鳍灰色，尾鳍灰黑色。

地理分布　分布广泛，我国自北部黑龙江流域至南部红河水系的元江均有分布。

生态习性　中小型鱼类。为中下层鱼类，性活泼，喜成群游泳，多栖息于水草多的浅水带。杂食性，常以角质化的下颌刮食着生在石块上的藻类，也摄食水生高等植物碎屑和浮游动物如轮虫、枝角类等。生殖时期到流水处产卵。

经济意义　具有一定的食用价值。

资源现状　近年来在白洋淀流域野外资源调查中未采集到标本。

（28）黄尾鲴*Xenocypris davidi* Bleeker 1871

分类地位 鲤形目Cypriniformes、鲤科Cyprinidae、鲴亚科Xenocyprinae

地 方 名 黄尾、黄鲴、细尾鲴

同物异名 *Xenocypris insularis* Nichols & Pope

形态特征 背鳍ⅲ-7；臀鳍ⅲ-9～11；胸鳍ⅰ-15～16；腹鳍ⅱ-8～9。侧线鳞65～68。鳃耙42～52。下咽齿3行。

体延长、侧扁，呈纺锤形，尾柄较粗短。腹棱不明显或肛门前具短的腹棱，通常其长度约为自肛门至腹鳍基距离的1/4。头小，吻钝。口下位，略呈弧形，下颌具薄的角质缘。眼侧上位。体鳞小。侧线完全，前部略呈弧形，后段较平直。腹鳍基具1～2枚长形的腋鳞。鳔2室，后室为前室约2倍以上。背鳍起点至吻端较至尾鳍基的距离短或略相等，末根不分支鳍条为光滑的硬刺；腹鳍起点约与背鳍起点相对或稍前，后伸远不达臀鳍起点；臀鳍较短；尾鳍深分叉。

体背灰黑色，体侧下半部及腹部白色。鳃盖后缘具一黄色斑块，尾鳍橘黄色。

地理分布 分布广泛，我国自北部海河流域至南部海南岛等水系均有分布。

生态习性 中小型鱼类。为中下层鱼类，喜在湖泊、水库等大水面水质较清澈的水体活动。杂食性，以植食性为主，常以角质化的下颌刮食着生在石块上的藻类，也摄食高等水生植物碎屑、浮游动物和水生昆虫等。繁殖期在5～6月，在流水中产卵，产黏性卵。

经济意义 具有一定的食用价值。

资源现状 近年来在白洋淀流域野外资源调查中未采集到标本。

（29）似鳊*Pseudobrama simoni*（Bleeker 1864）

分类地位　鲤形目Cypriniformes、鲤科Cyprinidae、鲴亚科Xenocyprinae

地 方 名　刺鳊、逆鱼、齐头、短脖、扁脖

同物异名　*Acanthobrama simoni* Bleeker，*Pseudobrama simoni*（Bleeker）

形态特征　背鳍ⅲ-7；臀鳍ⅲ-9～12；胸鳍ⅰ-13～14；腹鳍ⅱ-8。侧线鳞45～47。鳃耙130～145。下咽齿1行。

体长而侧扁。腹鳍基至肛门具腹棱。头短，吻钝。口下位，唇较薄，下颌角质缘不发达。眼位于头侧近吻端，眼径与吻等长。体鳞中等大，易脱落。侧线完全，前段微向下弯曲，向后延伸至尾柄中央。鳔2室，后室为前室2.0～2.4倍。背鳍起点距吻端较距尾鳍基为近，末根不分支鳍条为光滑的硬刺；腹鳍起点在背鳍起点之前，其基部有1枚狭长的腋鳞，肛门紧靠臀鳍起点；臀鳍末端不达尾鳍基；尾鳍叉形。

体背部和体上侧为青灰色。体下侧和腹部为银白色。背鳍、尾鳍浅灰色，腹鳍、胸鳍基部浅黄色，臀鳍灰白色。

地理分布　分布广泛，我国东部地区自海河流域以南至长江流域等水系均有分布。

生态习性　小型鱼类。为中下层鱼类，常栖息于水草多的浅水处，喜在湖泊、水库、河流等流水处逆流活动，故名“逆鱼”。植食性，食物为藻类、轮虫，也摄食高等水生植物的茎、叶，偶尔摄食浮游动物和甲壳动物。

经济意义　食用野杂鱼，经济价值不大。

资源现状　近年来在白洋淀流域野外资源调查中未采集到标本。

（30）中华鳑鲏*Rhodeus sinensis* Günther 1868

分类地位　鲤形目Cypriniformes、鲤科Cyprinidae、鱊亚科Acheilognathinae

地 方 名　罗垫、红眼巴、火镰片儿、火烙片儿、石鲋、朝鲜鳑鲏、彩石鳑鲏

英 文 名　bitterling

同物异名　*Pseudoperilampus lighti* Wu，*Rhodeus lighti*（Wu）

形态特征　背鳍ⅲ-9～12；臀鳍ⅲ-9～11；胸鳍ⅰ-10～11；腹鳍ⅱ-6。纵列鳞32～34。鳃耙数6～8。咽齿1行。

体小，侧扁，体较高，呈卵圆形。头小，吻短钝，口小，端位，下颌稍短于上颌，无须。眼侧上位。侧线不完全，仅靠近头部有4～7枚侧线鳞。背鳍基长，其起点位于身体背部中央最高处，距尾鳍基比距吻端为近；臀鳍起点与背鳍第五根分支鳍条相对；背鳍、臀鳍最后的分支鳍条基部较硬，末端柔软，不具硬刺；尾鳍浅叉形。

体呈银灰色，有青色光泽，鳞片基部大多具一暗色斑纹，鳞片金属光泽不明显。眼球上半部红色。鳃盖后方的体侧有2个一前一后的暗色斑，前一斑点为暗蓝色圆斑，雄性较雌性明显，后一斑点位于胸鳍上方，为暗蓝色竖条纹斑，竖条纹周围淡黄色。沿尾柄轴有1条深蓝色或天蓝色条纹，向前延伸渐细，伸达背鳍起点之前。尾鳍中部的斑纹为黄褐色至棕红色。雄鱼臀鳍及背鳍边缘有赭黄色到橘红色的条纹，臀鳍最外缘具鲜明的黑边。雌鱼背鳍前中部具1个黑色斑块。喉及胸腹部黄色，雄鱼尤显，发情期深黄色甚至略带赭色，腹下黑色，胸鳍及腹鳍黄色。

地理分布 分布较广泛，自河北滦河以南至珠江等水域均有分布。

生态习性 小型鱼类。喜成群，多栖息在江河、湖泊等水草多的浅水处。繁殖期，雄鱼体色鲜艳，吻端左、右两侧各有一丛白色珠星，眼眶上缘亦有珠星，眼球上半部红色。雌鱼有一能伸长的产卵管，可将卵产在蚌的外套腔内。繁殖期在4～6月，孵出的仔鱼借卵黄囊的角状突起栖居于蚌的鳃瓣间，直至卵黄囊消失，发育成幼鱼才离开蚌体。主要食物为丝状藻及高等水生植物碎片，或摄食些枝角类。

经济意义 个体小，数量不多，无食用价值，常被当作观赏鱼类。

资源现状 在白洋淀流域内各水体中均为较常见种。

（31）高体鳑鲏*Rhodeus ocellatus*（Kner 1866）

分类地位 鲤形目Cypriniformes、鲤科Cyprinidae、鱊亚科Acheilognathinae

地 方 名 蓝垫、火镰片儿、火烙片儿

英 文 名 rosy bitterling

同物异名 *Pseudoperilampus ocellatus* Kner

形态特征 背鳍ⅲ-11～12；臀鳍ⅲ-10～12；胸鳍 ⅰ-9～12；腹鳍 ⅰ-6～7。咽齿1行。

体高，极侧扁，长卵圆形，头后背部急剧隆起，腹部微凸。头小，吻短钝。口小，端位，口裂呈弧形。口角无须。眼大，侧上位；眼间距宽。体被圆鳞，鳞片排列整齐。侧线不完全，近头部有4～5枚侧线鳞。背鳍基长，末根不分支鳍条为细弱的硬刺，末端略柔软；胸鳍较短小，后端尖，后伸接近腹鳍起点；腹鳍起点在背鳍起点之前，后伸近臀鳍起点；肛门在腹鳍基至臀鳍起点的中点之前；臀鳍末根不分支鳍条为细弱的硬刺，臀鳍基长，约为背鳍基的2/3；尾鳍浅分叉，上、下叶约等长。

体背为金色或金属光泽的绿色，出水后腹侧反射蓝色光芒；鳃盖后方具1条蓝色或黑色斑纹，在胸鳍上方具1条垂直的黑色或蓝色条纹；眼上部红色；鳞框明显，其上具菱形斑纹；尾柄基具1条带珠母光泽的蓝绿色条纹；尾鳍中部具一红斑；腹鳍前缘具白边；雄鱼臀鳍边缘有红色条纹，外缘镶细黑边或黑边不明显。发情期喉及腹部红色，体侧紫红或粉红色。雌鱼的上述颜色不明显，其背鳍中部具一黑色斑块；其他鳍条浅灰色。

地理分布 分布较为广泛，在海河以南的湖泊、水库以及溪流中均有分布。

生态习性 小型鱼类。喜在江河、湖泊等浅水缓流或静水中的水草茂盛的浅水区域活动。繁殖期，雄鱼体色鲜艳，吻部上方两侧鼻孔前各具一珠星；雌鱼具发达的产卵管，将卵产于软体动物鳃中孵化。以高等水生植物碎屑、藻类为食。

经济意义 体形小，无食用价值，常被当作观赏鱼类。

资源现状 在白洋淀流域各水体中为最常见种。

（32）彩副鱊*Acheilognathus imberbis* Günther 1868

分类地位　鲤形目Cypriniformes、鲤科Cyprinidae、鱊亚科Acheilognathinae

地 方 名　高鳍鱊、蓝垫、火镰片儿、火烙片儿

英 文 名　bitterling

同物异名　*Paracheilognathus imberbis*（Günther）

形态特征　背鳍iii-10～11；臀鳍iii-9～10；胸鳍 i-13～14；腹鳍 ii-7。侧线鳞34～36。鳃耙8～9。下咽齿1行，齿面有明显的锯纹，尖端呈钩状。

体侧扁，呈纺锤形。头小，较钝。口端位，呈弧形。口角无须。侧线完全。背鳍起点位于身体最高处；臀鳍起点位于背鳍第五至第六根分支鳍条下方；背鳍、臀鳍均不具硬刺，仅鳍条基部较硬；腹鳍末端超过臀鳍起点；尾鳍浅分叉，上、下叶约等长。

体呈青黄色，腹部渐略淡。鳃盖后上方，第一至第二侧线鳞上具1个明显蓝绿色斑点。体侧沿尾柄中线有1条暗蓝色纵纹，向前延伸至背鳍前下方。雄鱼臀鳍粉红色，边缘白色，腹面及腹鳍褐红色，腹鳍外缘白色，背鳍粉红色。

地理分布　白洋淀和天津，长江以南水域均有分布。

生态习性　小型鱼类。喜在江河、湖泊等浅水缓流或水草茂盛的静水中活动，活跃，常游至水面。繁殖期，雄鱼体色鲜艳，眼眶上缘及吻端有白色珠星；雌鱼具灰色的产卵管，将卵产于河蚌的外套膜中。以浮游动物为主，兼食浮游植物或水生昆虫。

经济意义　个体小，无食用价值，常被当作观赏鱼类。

资源现状　近年来在白洋淀流域野外资源调查中未采集到标本。

（33）白河鱊*Acheilognathus peihoensis*（Fowler 1910）

分类地位 鲤形目Cypriniformes、鲤科Cyprinidae、鱊亚科Acheilognathinae

地 方 名 罗垫、白河刺鳑鲏、火镰片儿、火烙片儿

英 文 名 bitterling

同物异名 *Paracheilognathus peihoensis* Fowler

形态特征 背鳍iii-11～14；臀鳍iii-9～10；胸鳍 i-12；腹鳍 ii-7。侧线鳞33～35。鳃耙6～8。下咽齿1行，具锯纹。

体高，侧扁，近长菱形。上、下颌几乎等长。头短小。口角无须。背鳍和臀鳍末根不分支鳍条均为硬刺。体被圆鳞，鳞片排列整齐。侧线完全。背鳍基长，其起点位于吻端至尾鳍基的中点；胸鳍稍长，向后延伸不达腹鳍起点；腹鳍起点与背鳍起点略靠前，后伸达臀鳍起点；尾鳍浅分叉，上、下叶约等长。

体呈银灰色，体背颜色深，腹部颜色浅。鳃盖后上方，在第一至第二侧线鳞上具1个蓝绿色斑点，有时斑点不明显，第四至第五侧线鳞具不明显的蓝绿色垂直条纹。沿尾部中轴有1条蓝绿色纵纹，向前延伸至背鳍第三至第五根分支鳍条之下。臀鳍具黑白相间斑纹，外缘白色条纹较宽；腹鳍边缘白色；背鳍具3～4列黑色点状条纹。

地理分布 分布广泛，自北部海河流域至南部云南的各水库、湖泊等水域均有分布。

生态习性 小型鱼类。喜在江河、湖泊、淀塘等浅水缓流或静水中的水草茂盛的浅水区域活动。繁殖期，雄鱼体色鲜艳，背、臀鳍边缘均向外突出成圆弧形，吻部上方两

侧鼻孔前各一白色珠星；雌鱼具灰色产卵管，将卵产于软体动物鳃中孵化。以浮游生物为食，兼食植物碎屑、藻类和底质有机物。

经济意义 个体小，无食用价值，常被当作观赏鱼类。

资源现状 近年来在白洋淀流域野外资源调查中未采集到标本。

（34）兴凯鱊*Acheilognathus chankaensis*（Dybowski 1872）

分类地位　鲤形目Cypriniformes、鲤科Cyprinidae、鱊亚科Acheilognathinae

地 方 名　屎包、火镰片儿、火烙片儿、黑臀刺鳑鲏

英 文 名　Khanka spiny bitterling

同物异名　*Acanthorhodeus chankaensis*（Dybowski），*Acanthorhodeus atranalis* Günther

形态特征　背鳍iii-12～15；臀鳍iii-10～11；胸鳍 i-14～17；腹鳍 ii-6～7。侧线鳞32～37。鳃耙14～19。下咽齿1行，齿面有锯纹，尖端呈钩状。

体侧扁，短而高，体宽不及体高的1/3。头小，头长约等于头高。口小，端位，口裂浅，口角在眼下缘水平线上，向后延在鼻瓣膜垂直线下。无须。眼大，侧中位；眼间距宽，稍隆起。体被圆鳞，鳞片排列整齐。侧线完全，沿体中线至尾柄中央。背鳍、臀鳍末根不分支鳍条为较粗壮的硬刺。臀鳍起点和背鳍第五至第六分支鳍条相对；腹鳍位于背鳍前下方；肛门位于腹鳍基和臀鳍基起点之间；尾鳍浅分叉，上、下叶等长。

体背侧上部呈黄灰色，体背下部银白色。体侧第四至第五侧线鳞上有1个蓝色斑点。在体侧尾柄中部有1条暗蓝色纵带纹，向前延伸至背鳍基中部前，繁殖期明显，平时不明显；除胸鳍外，各鳍均略带黄色；各鳍均有暗色斑点形成纵带纹，背鳍与臀鳍尤为明显。雄鱼臀鳍边缘具1条略宽的黑边，背鳍、腹鳍外缘黑边窄，尾鳍下叶外缘具1条窄黑边；雌鱼无。

地理分布　分布广泛，我国自北部黑龙江流域至南部珠江流域各大水库、湖泊、河流中均有分布。

生态习性 鳑鲏亚科中的中等个体鱼类。喜在江河、湖泊等浅水缓流或静水中的水草茂盛的浅水区域活动。繁殖期，雄鱼体色鲜艳，吻部上方两侧鼻孔前各具一珠星；雌鱼具发达的产卵管，将卵产于软体动物鳃中孵化。杂食性，摄食浮游生物、藻类（包括硅藻和绿藻）、浮游动物（包括枝角类和桡足类），以及植物碎屑。

经济意义 个体较小，无食用价值，常被当作观作赏鱼类。

资源现状 在白洋淀流域各水体中均为常见种。

（35）越南鱊*Acheilognathus tonkinensis*（Vaillant 1892）

分类地位　鲤形目Cypriniformes、鲤科Cyprinidae、鱊亚科Acheilognathinae
地 方 名　越南刺鳑鲏、蓝垫、火镰片儿、火烙片儿
英 文 名　bitterling
同物异名　*Acanthorhodeus tonkinensis* Vaillant

形态特征　背鳍ⅲ-12～14；臀鳍ⅲ-9～11；胸鳍ⅰ-12～16；腹鳍ⅱ-7。侧线鳞34～38。鳃耙9～12。下咽齿1行，齿面有锯纹，尖端呈钩状。

体高，卵圆形，极侧扁，头后背部急剧隆起，腹部微凸。头小，吻短钝。口小，亚下位，呈弧形。口角须短，其长度不及眼径的1/3或更短。眼侧上位；眼间距宽，略隆起。体被圆鳞。侧线完全。背鳍基长，其起点位于身体背部中央最高处，末根不分支鳍条为较粗壮的硬刺；胸鳍较短小，后端稍圆钝，后伸不达腹鳍起点；腹鳍起点与背鳍起点相对，后伸不达臀鳍起点；肛门在腹鳍基至臀鳍起点的中点之前；臀鳍末根不分支鳍条为硬刺；尾鳍浅分叉。

体背及侧上部为微黑色，向下至腹部色渐淡。沿尾部中轴侧线之上有1条蓝绿色纵纹，向前延伸至背鳍起点之前的位置。鳃盖后上方具1个不明显的暗蓝绿色斑点。背鳍、臀鳍具3条不规则的白色纵纹，臀鳍更明显，其边缘有1条略宽的白边，腹鳍前缘及下缘具白色边；尾柄基部及尾鳍橘红色或红色。

地理分布 分布广泛，我国北自海河南至海南岛等均有分布。

生态习性 鳑鲏亚科中的中等个体鱼类。喜在江河、湖泊等浅水缓流或静水中的水草茂盛的浅水区域活动。繁殖期，雄鱼体色鲜艳，背臀鳍边缘均向外突出成圆弧形，吻部上方两侧鼻孔前各具一珠星；雌鱼具发达的产卵管，将卵产于软体动物鳃中孵化。以植物碎屑、藻类为食。

经济意义 无食用价值，常被当作观赏鱼类。

资源现状 近年来在白洋淀流域野外资源调查中未采集到标本。

（36）短须鱊*Acheilognathus barbatulus* Günther 1873

分类地位　鲤形目Cypriniformes、鲤科Cyprinidae、鱊亚科Acheilognathinae

地 方 名　短须刺鳑鲏、须副鱊、罗垫、火镰片儿、火烙片儿

英 文 名　bitterling

同物异名　*Acanthorhodeus barbatulus*（Günther），*Acheilognathus shibatae* Mori，*Paracheilognathus shibatae*（Mori）

形态特征　背鳍ⅲ-11～13；臀鳍ⅲ-9～11；胸鳍ⅰ-12～16；腹鳍ⅱ-6～7。侧线鳞33～37。鳃耙6～8。下咽齿1行，齿面有锯纹，尖端呈钩状。

体高，侧扁，卵圆形。头短小。口小，亚下位；侧面观，口角明显在眼下缘水平线下，向后延伸至眼前缘垂直线。口角须1对，短小，须长显著短于眼径。眼大，侧位；眼间距宽，微隆起。体被圆鳞，鳞片排列整齐。侧线完全，背鳍后侧部侧线不太明显，略弯曲。背鳍基长，其起点位于身体背部中央最高处，末根不分支鳍条为较粗壮的硬刺；胸鳍稍长，后端略圆，向后延伸不达腹鳍起点；腹鳍起点与背鳍起点略相对，后伸不达臀鳍起点；肛门在腹鳍基至臀鳍起点的中点之前；臀鳍末根不分支鳍条为较粗壮的硬刺，臀鳍基长略短于背鳍基长；尾鳍浅分叉，上、下叶约等长，末端尖。

体银白色。在鳃孔后上方有1个不明显的蓝绿色斑点。沿尾部中轴1条不明显的较短的蓝色纵纹，向前延伸至背鳍起点相对的位置。雄鱼的背鳍、臀鳍外缘具1条略宽的白边。

地理分布　分布广泛，我国自北部海河流域至南部云南澜沧江各大水库、湖泊等水域均有分布。

生态习性 鳑鲏亚科的中等个体鱼类。喜在江河、湖泊、淀塘等浅水缓流或静水中的水草茂盛的浅水区域活动。繁殖期，雄鱼体色鲜艳，吻部上方两侧鼻孔前各具一珠星；雌鱼具发达的产卵管，将卵产于软体动物鳃中孵化。以植物碎屑、藻类、小型浮游动物为食。

经济意义 个体小，无食用价值，常被当作观赏鱼类。

资源现状 近年来在白洋淀流域野外资源调查中未采集到标本。

（37）大鳍鱊*Acheilognathus macropterus*（Bleeker 1871）

分类地位　鲤形目Cypriniformes、鲤科Cyprinidae、鱊亚科Acheilognathinae

地 方 名　大鳍刺鳑鲏、斑条鱊、屎包、火镰片儿、火烙片儿

英 文 名　bitterling

同物异名　*Acanthorhodeus macropterus* Bleeker，*Acanthorhodeus taenianalis* Günther

形态特征　背鳍ⅲ-15～17；臀鳍ⅲ-12～14；胸鳍ⅰ-13～16；腹鳍ⅱ-7。侧线鳞35～38。鳃耙7～8。下咽齿1行，齿面有锯纹，尖端呈钩状。

体高，侧扁，卵圆形，背缘较腹缘隆起。头短小，其长不及体高。口小，近亚下位；口角向后延伸至眼前缘垂直线。口角具1对短须。眼大，侧上位；眼间距宽，微隆起。体被圆鳞，鳞片排列整齐。侧线完全，或尾部倒数第一至第四鳞片无孔，略平直，后入尾柄中央。背鳍基长，其起点位于身体背部中央最高处，末根不分支鳍条为较粗壮的硬刺；胸鳍稍长，后端尖，向后延伸不达腹鳍起点；腹鳍起点在背鳍起点略前，后伸不达臀鳍起点；肛门在腹鳍基至臀鳍起点的中点之前；臀鳍末根不分支鳍条为较粗壮的硬刺，臀鳍基长略短于背鳍基长；尾鳍分叉，上、下叶约等长，末端尖。

体呈黄褐色，腹部色淡，背部灰黑色，繁殖期雄鱼略带粉红色。尾柄有1条灰蓝色纵纹，向前延伸可达背鳍中部相对位置，有时不明显。鳃盖后上方、近头部有3～4枚侧

线鳞上具1条明显或不太明显的蓝色斑纹。胸鳍上方有一个明显的黑斑。背鳍中部具1条淡黄色横纹，边缘具1条窄黑边；雄鱼臀鳍黑白相间，最外缘为1条白边，里为1条细黑纹，再向内为两列白点；雌鱼臀鳍无色透明或淡棕黄色。雄鱼腹鳍前缘有些具明显白边。

地理分布 分布较为广泛，我国北自黑龙江流域南至海南岛的各大湖泊、水库等水域均有分布。

生态习性 鳑鲏亚科中的较大个体鱼类。喜在江河、湖泊等浅水缓流或静水中水草茂盛的水中活动。繁殖期，雄鱼体色鲜艳，吻部上方两侧鼻孔前各具一珠星；雌鱼具发达的产卵管，将卵产于软体动物鳃中孵化。以植物碎屑、藻类为食。

经济意义 无食用价值，常被当作观赏鱼类。

资源现状 近年来，在白洋淀流域野外资源调查中未采集到标本。

（38）麦穗鱼*Pseudorasbora parva*（Temminck & Schlegel 1846）

分类地位　鲤形目Cypriniformes、鲤科Cyprinidae、鮈亚科Gobioninae

地 方 名　小尖嘴、小麻鱼、禾稿公、假青衣、麦穗儿、罗汉鱼

英 文 名　stone moroko

同物异名　*Leuciscus parvus* Temminck & Schlegel，*Pseudorasbora parvus*（Temminck & Schlegel）

形态特征　背鳍ⅲ-7；臀鳍ⅲ-6；胸鳍ⅰ-12～13；腹鳍ⅱ-7。侧线鳞36～38。鳃耙13～15。下咽齿1行。

体长，侧扁，尾柄较宽，腹部圆。头稍短小，前端尖，上下略平扁。吻短，尖而突出，眼后头长远超吻长。口小，上位，下颌略向上突起，且长于上颌。口角无须。眼较大，位置较前。体被圆鳞，鳞较大。侧线平直，完全，部分个体侧线不明显。背鳍不分支鳍条柔软，外缘圆弧形，起点距吻端与至尾鳍基的距离相等或略近前者；胸、腹鳍短小；臀鳍短，无硬刺，外缘呈弧形，其起点距腹鳍起点较至尾鳍基为近；尾鳍宽，分叉浅，上、下叶等长，末端圆。

体背及体侧上半部银灰色微带黑色，腹部白色。体侧鳞片后缘具新月形黑纹。各鳍鳍膜灰黑色。部分个体体侧、背鳍、尾鳍和臀鳍布满黑色斑点。生殖期，雄性体色暗黑，各鳍深黑色。吻部、颊部等处具白色珠星；雌性偏小，体背及上半部一般为浅橄榄绿色，产卵管稍外突。幼鱼体侧正中及吻端至尾鳍基，通常具有1条黑纵纹，后部清晰，体侧鳞后缘亦有半月形暗斑，鳍稍呈淡黄色。

地理分布 分布甚广，几乎遍布我国各主要水系。

生态习性 小型鱼类。适应于各种水体，江河、湖泊、池塘等均有分布，常生活在浅水区。杂食性，主要以浮游动物为食。产卵期在4～6月，产黏性卵，附着于石头、贝类动物的壳上。孵化期，雄性具护巢的习性。

经济意义 最大长度约为100mm，常见的为40～60mm，数量多，有一定的经济价值。

资源现状 在白洋淀流域各水域均为最常见种。

（39）唇䱻*Hemibarbus labeo*（Pallas 1776）

分类地位 鲤形目Cypriniformes、鲤科Cyprinidae、䱻亚科Gobioninae

地 方 名 马扎子、麻叉、厚唇鱼

英 文 名 barbel steed

同物异名 *Cyprinus labeo* Pallas, *Barbus labeo*（Pallas）, *Gobiobarbus labeo*（Pallas）, *Hemibarbus longianalis* Kimura

形态特征 背鳍ⅲ-7；臀鳍ⅲ-6；胸鳍 ⅰ-17～18；腹鳍 ⅰ-8。侧线鳞45～50。鳃耙15～20；下咽齿3行。

体延长，略侧扁，腹部稍圆。头大，略平扁，头长大于体高。吻长，稍突出，其长显著大于眼后头长。前眶骨、下眶骨及前鳃盖骨边缘具1排黏液腔。口下位，唇厚，下唇两侧叶特别宽厚，中央具一极小的三角形突起，常被侧叶所覆盖。口角须1对，较短，其长度小于眼径。鳞中等大，排列整齐。侧线完全，略平直。背鳍长，末根不分支鳍条为粗壮光滑的硬刺，其长度短于头长；胸鳍向后不达腹鳍；腹鳍向后远不达肛门，肛门紧邻臀鳍起点，尾鳍分叉。

体背青灰色，腹部白色；成鱼体侧无斑点，幼鱼体具不明显的黑斑，各鳍灰白色。

地理分布 分布广泛，我国东部河流均有分布。

生态习性 中等体形，生长速度较慢。主要生活在江河、湖泊、水库等水体的中下层，以底栖无脊椎动物为食。产黏性卵，附着于水草上。

经济意义 数量少，经济价值不大。

资源现状 北京市重点保护鱼类。近年来在白洋淀流域野外资源调查中未采集到标本。

（40）花䱻*Hemibarbus maculatus* Bleeker 1871

分类地位　鲤形目Cypriniformes、鲤科Cyprinidae、𬶋亚科Gobioninae

地 方 名　麻叉、大鼓眼

英 文 名　spotted steed

形态特征　背鳍iii-7；臀鳍iii-5～6；胸鳍 i-16～19；腹鳍 i-7～8。侧线鳞47～50。鳃耙6～10。下咽齿3行。

体延长，较高，背部自头后至背鳍前方显著隆起，以背鳍起点处为最高。头中等大，头长小于体高。吻稍突，其长小于或等于眼后头长。口略小，下位，唇薄，下唇侧叶极狭窄，中叶为一宽三角形明显突起，唇后沟中断。口角须1对，较短，其长度约为眼径的2/3。前眶骨、下眶骨和前鳃盖骨边缘具1排黏液腔。鳞中等大，排列较整齐。侧线完全，略平直。背鳍长，末根不分支鳍条为粗壮光滑的硬刺，其长度与头长相等；胸鳍后延伸不达腹鳍；腹鳍后延伸不达肛门，肛门紧邻臀鳍起点，尾鳍分叉。

体色灰黄，腹面较淡。体侧具大小不等的黑褐色斑点，沿体侧侧线上方有一纵行黑色圆斑，约7～11个。背鳍和尾鳍上亦有黑色小斑点，其他各鳍灰白色。

地理分布　分布较为广泛，我国东部湖泊和河流均有分布。

生态习性　为中下层鱼类。第一年生长较快。最大个体的体重可达3kg左右。产卵期在6～7月涨水季节，分批产卵，黏性卵，附着在水草上。以水生昆虫、软体动物、甲壳动物等为食。

经济意义　数量极少，经济价值不大。

资源现状　北京市重点保护鱼类。在拒马河有少量种群，为稀有种。

（41）黑鳍鳈*Sarcocheilichthys nigripinnis*（Günther 1873）

分类地位 鲤形目Cypriniformes、鲤科Cyprinidae、鮈亚科Gobioninae

地 方 名 花媳妇、花腰

英 文 名 rainbow gudgeon

同物异名 *Sarcocheilichthys nigripinnis nigripinnis*（Günther）

形态特征 背鳍ⅲ-7；臀鳍ⅲ-6；胸鳍 ⅰ-14～17；腹鳍 ⅰ-7。侧线鳞38～40。咽齿2行。鳃耙5～7。

体纺锤形，稍侧扁，头后背部隆起。头小，头长略小于体高。口小，下位，口宽大于口长，唇结构简单，无乳突状，下颌前缘具薄的角质缘。须退化，一般仅见痕迹。眼小，侧上位。体被圆鳞，鳞片排列较整齐。侧线完全，平直。背鳍无硬刺，其起点距吻端较距尾鳍基为近；胸鳍较短小，后缘圆，后伸远不达腹鳍起点；腹鳍短，其起点在背鳍起点后下方，后伸可达肛门；肛门位置约在腹鳍基至臀鳍起点的中点处；尾鳍分叉，上、下叶约等长。

体呈棕黄色，体侧有许多不规则的暗色斑纹。鳃盖后方有一深黑色的垂直斑。体侧中轴有黑褐色纵纹。繁殖期，鳃盖、峡部、胸鳍、腹鳍、臀鳍等橘黄色明显；背鳍黑色。眼球上半部有时为红色。

地理分布 分布广泛，我国东部平原均有分布。

生态习性 小型鱼类，多栖息于水体中下层，常游于水草繁茂处，有跃水的习性，特别是在雨后或清晨。产卵期在4～5月。在生殖季节内，雄鱼的吻部生出许多白色的追星、虹彩及喉部呈橙红色。以水生昆虫、枝角类、桡足类为食，也吃一些水生植物碎屑。

经济意义 个体较小，数量少，经济价值不大。

资源现状 白洋淀流域内，白洋淀淀区种群数量较少，河流中为常见种。

（42）华鳈*Sarcocheilichthys sinensis* Bleeker 1871

分类地位　鲤形目Cypriniformes、鲤科Cyprinidae、鮈亚科Gobioninae

地 方 名　唐鳈

英 文 名　Chinese lake gudgeon

形态特征　背鳍ⅲ-7；臀鳍ⅲ-6；胸鳍 ⅰ-14～15；腹鳍 ⅰ-7。侧线鳞40～42。鳃耙7～8。下咽齿1行。

体略高，稍侧扁。头后背部显著隆起，以背鳍起点处为最高，腹部圆，尾柄宽短，侧扁。头短小。吻圆钝。口甚小，下位，马蹄形，口宽大于口长。口角须1对，短小。侧线完全，平直。背鳍末根不分支鳍条基部较硬；臀鳍较短，起点距腹鳍起点较至尾鳍基为近；尾鳍分叉浅，较宽阔，上、下叶等长，末端圆钝。下咽齿稍侧扁。

体灰色，背部灰黑色，腹部灰白色。体侧具宽阔的垂直黑斑4块，各斑块的宽度与其间隔相等或稍大。各鳍灰黑色，边缘浅黄或白色。生殖时期，黑斑块和鳍均呈深黑色，雄鱼吻部具白色珠星，雌鱼产卵管稍延长。

地理分布　分布甚广，除西部高原的部分地区外，几乎遍布于各主要水系，在平原地区的江河、湖泊均有分布。

生态习性　小型鱼类，多栖息于水体中下层，以底栖无脊椎动物、着生藻类、植物碎屑为食。繁殖季节在4～5月，产浮性卵。

经济意义　个体不大，数量少，经济价值不大。

资源现状　北京市重点保护鱼类。近年来在白洋淀流域野外资源调查中未采集到标本。

（43）似白鮈*Paraleucogobio notacanthus* Berg 1907

分类地位 鲤形目Cypriniformes、鲤科Cyprinidae、鮈亚科Gobioninae

同物异名 *Gnathopogon notacanthus*（Berg），*Leucogobio notacanthus*（Berg）

形态特征 背鳍ⅲ-7；臀鳍ⅲ-6；胸鳍ⅰ-13～14；腹鳍ⅰ-7。侧线鳞35～38。下咽齿2行。

体延长，略侧扁，腹部圆。头较宽，吻钝圆。头长与体高几乎相等。口端位，唇薄，无乳状突起，唇后沟中断。口角须1对，短小。眼较小，侧上位；眼间距宽，稍隆起。体被圆鳞，胸腹部鳞稍小。侧线完全，较平直。背鳍第三根不分支鳍条为末端柔软的硬刺；胸鳍短小，后缘稍圆，后伸不达腹鳍起点；腹鳍短，其起点在背鳍起点稍后的下方，距吻端距离大于至尾鳍基的距离；臀鳍起点距腹鳍起点的距离小于至尾鳍基的距离；尾鳍分叉，上、下叶等长，末端尖。

体浅褐色，体侧具3～5条纵行的黑色条纹，沿侧线具1条蓝黑色条纹，各鳍为灰白色。

地理分布 我国黄河和海河水系。

生态习性 小型鱼类。多栖息于河流的中下层。

经济意义 个体小，数量少，常作为野杂鱼，经济价值不大。

资源现状 近年来在白洋淀流域野外资源调查中未采集到标本。

（44）棒花鮈*Gobio rivuloides* Nichols 1925

分类地位　鲤形目Cypriniformes、鲤科Cyprinidae、鮈亚科Gobioninae

同物异名　*Gobiogobio rivuloides* Nichols

形态特征　背鳍iii-7；臀鳍iii-6；胸鳍 i-13～14；腹鳍 i-7。侧线鳞40～42。鳃耙5～6。下咽齿2行。

体延长，略呈圆筒形，稍侧扁。头近圆锥形，吻前部腹面平扁。口下位，唇薄，结构简单，无乳突；上、下唇在口角处相连，唇后沟中断。口角须1对，末端达或稍过眼后缘的下方。眼较小，侧上位；眼间距宽，平坦或稍隆起。体鳞中等大，胸部裸露无鳞。侧线完全，平直。背鳍较短，无硬刺，其起点距吻端和尾鳍基的距离略相等；胸鳍较短，后缘圆，后伸不达腹鳍起点；腹鳍短，其起点在背鳍起点后下方，后伸可达肛门；肛门位置约在腹鳍基至臀鳍起点的中点处；臀鳍短小；尾鳍分叉。

体背深灰色，腹部灰白色。体侧具1条不明显的纵纹，纵纹上有9～11个黑色斑点，背部中线上有8～11个黑斑。吻两侧从眼下缘和鼻孔前缘向吻端各有1条黑纹。背鳍和尾鳍有小黑点组成的条纹，其他各鳍灰白色。

地理分布　分布于黄河以北的海河、滦河和大凌河。

生态习性　底层鱼类，生活于河流上游山涧溪流清澈的水中，喜砂石底质。摄食蓝藻、硅藻、水生昆虫幼虫、摇蚊幼虫、底栖动物。繁殖期在5～6月。

经济意义　个体小，数量少，经济价值不大。

资源现状　北京市重点保护鱼类。在白洋淀流域内，拒马河中为较常见种。

（45）铜鱼*Coreius heterodon*（Günther 1889）

分类地位　鲤形目Cypriniformes、鲤科Cyprinidae、鮈亚科Gobioninae

地 方 名　长条铜鱼、尖头棒

同物异名　*Labeo cetopsis* Keener，*Coreius cetopsis*（Keener），*Coreius styani*（Günther）

形态特征　背鳍ⅲ-7～8；臀鳍ⅲ-6；胸鳍ⅰ-18～19；腹鳍ⅰ-7。侧线鳞54～56。鳃耙11～13。下咽齿1行。

体长，呈圆棒状，后部稍侧扁。头小，呈锥形。吻尖而突出。口小，下位，上唇较发达，左、右两侧游离，下唇薄而光滑，下唇沟仅限于口角处。口角须1对，末端可达前鳃盖骨后缘。眼细小，位于头部侧上方。鳞片小，胸鳍和腹鳍基部具有小而不规则的鳞片；背鳍、臀鳍基部两侧具鳞鞘。侧线完全。背鳍无硬刺，其起点位于腹鳍起点之前，距吻端与距臀鳍基后端相等；胸鳍等于或小于头长，末端不达或接近腹鳍起点；尾鳍分叉，上、下叶等长，末端尖。

身体呈灰黄色或古铜色，腹侧较淡。体上侧具灰黑色的斑点，背鳍与尾鳍略呈暗色，其他各鳍色淡。

地理分布　分布广泛，我国海河流域以南的各水系均有分布。

生态习性　中小型鱼类。底层鱼类。一般栖息于江河的干流和支流的水流环境中。杂食性，食物主要有螺蛳、淡水壳菜及软体动物等，其次是高等水生植物碎屑和部分硅藻类，或摄食摇蚊幼虫及小虾等。性成熟年龄一般为3龄，繁殖季节一般在4月中旬至6月下旬。

经济意义　北方种群数量少，经济价值不高，但在长江中上游数量多，为重要的经济鱼类。

资源现状　白洋淀过去曾有记载，但数量少，可能是经通淀河流进入的个体（郑葆珊等，1960）。近年白洋淀流域野外资源调查中未采集到标本。

（46）点纹银鮈*Squalidus wolterstorffi*（Regan 1908）

分类地位　鲤形目Cypriniformes、鲤科Cyprinidae、鮈亚科Gobioninae

地 方 名　华氏颌鮈

同物异名　*Gnathopogon wolterstorffi*（Regan），*Gnathopogon punctatus* Nichols

形态特征　背鳍ⅲ-7；臀鳍ⅲ-6；胸鳍ⅰ-13～15；腹鳍ⅰ-7。侧线鳞35～38。下咽齿2行。

体延长，略侧扁，背部略隆起，胸腹部圆。头大，头长等于或略大于体高。吻略短，稍尖，近锥形。口亚下位，口裂稍斜。唇薄，下唇极狭窄，唇后沟中断。口角须1对，短小，其长度等于或稍大于眼径，末端可达眼中央的下方。眼大，侧上位；眼间距宽，稍隆起。体被圆鳞，侧线完全，较平直。背鳍无硬刺，其起点至吻端的距离与至尾柄基的距离略相等；胸鳍短小，其长小于头长，后缘圆钝，后伸不达腹鳍起点；腹鳍短，其起点在背鳍起点后下方，后伸接近肛门；肛门约位于腹鳍基至臀鳍起点的后1/3处；臀鳍短小；尾鳍分叉较深，上、下叶等长，末端尖。

体呈银灰色，背部及体侧上半部多数鳞片边缘色深，形成暗褐色网纹；沿体侧中线上方具1银色条带，其上有10～12个圆形斑点；侧线鳞上各具1被侧线管分割上下各半、呈“八”字形的黑斑。背鳍、尾鳍具黑色斑点，整体颜色略深，其他各鳍为灰白色。

地理分布 河北省滦河以南的各水系均有分布。

生态习性 小型鱼类。多栖息于河流的中下层，以无脊椎动物为食。

经济意义 个体小，数量一般，经济价值不大。

资源现状 白洋淀过去曾有记载（郑葆珊等，1960）。近年来，在白洋淀流域资源调查中，主要采自于沙河、拒马河等河流中，为常见种。

（47）东北颌须鮈*Gnathopogon strigatus*（Regan 1908）

分类地位　鲤形目Cypriniformes、鲤科Cyprinidae、鮈亚科Gobioninae

别　　名　条纹似白鮈、济南颌须鮈

英 文 名　manchurian gudgeon

同物异名　*Leucogobio strigatus* Regan，*Paraleucogobio strigatus*（Regan），*Gobio strigatus*（Regan），*Gnathopogon mantschuricus*（Berg）

形态特征　背鳍iii-7；臀鳍ii-6；胸鳍i-12～14；腹鳍i-7。侧线鳞36～38。鳃耙6～8。下咽齿2行。

体延长，略侧扁，腹部圆。头较短小，头长一般小于体高。吻较短，圆钝。口端位，口裂稍斜。唇薄，无乳突，唇后沟在下颌前缘终断。口角须1对，极短小，其长度小于眼径的1/3。眼中等大，侧上位；眼间距宽，稍隆起。鳞中等大，胸、腹部具鳞片，鳞片排列较整齐。侧线完全，较平直。背鳍不分支鳍条基部为硬刺，末端柔软，其起点至吻端的距离与至尾鳍基的距离略相等。胸鳍短小，其长小于头长，后缘圆钝，后伸远不达腹鳍起点；腹鳍短，其起点在背鳍起点后下方，后伸可达肛门；尾鳍分叉。

体背及体侧深灰色，腹部略白；沿体侧中线具1条不太明显的黑色条带，侧线上下各有数条黑色纵纹；背鳍条上部具黑色横纹，胸、腹鳍浅黄色，其他各鳍灰白色。

地理分布　分布于我国海河流域以北至黑龙江流域。

生态习性　小型鱼类，多栖息于河流的中下层，栖于浅水地带，以绿藻、丝状藻及枝角类为食。

经济意义　个体小，数量不多，无经济价值。

资源现状　北京市重点保护鱼类。在拒马河有少量种群，为稀见种。

（48）中间银鮈*Squalidus intermedius*（Nichols 1929）

分类地位　鲤形目Cypriniformes、鲤科Cyprinidae、鮈亚科Gobioninae

同物异名　*Gnathopogon intermedius* Nichols，*Gnathopogon similis* Nichols

形态特征　背鳍ⅲ-7；臀鳍ⅲ-6；胸鳍ⅰ-14～15；腹鳍ⅰ-7～8。侧线鳞34～35。鳃耙4。下咽齿2行。

体延长，略侧扁，胸腹部圆。头短小。吻短钝，吻长略小于眼径。口亚下位，口裂稍斜，深弧形。唇薄，结构简单，下唇两侧叶较狭，唇后沟中断于下颌前缘。口角须1对，较短小，其长度等于或稍大于眼径的1/2。眼中等大，侧上位；眼间距平坦，眼间距窄。体被稍大的圆鳞，胸腹部鳞片稍小。侧线完全，较平直。鳔2室。背鳍稍短小，无硬刺，其起点在背鳍起点后下方，后伸可达肛门；胸鳍较小，后端尖，后伸略近腹鳍起点；腹鳍后端稍圆钝，其起点明显在背鳍起点后下方，后伸可达肛门；臀鳍较短小；尾鳍分叉较深，上、下叶约等长，末端尖。

体银白色，背部稍呈暗灰色，体背和体侧上部鳞片边缘色深，形成暗色网纹，沿体侧中轴有1黑色条带，背鳍中部有1列黑点，尾鳍有2行黑点，其他各鳍灰白色。

地理分布　分布于黄河流域。

生态习性　小型鱼类，多栖息于河流的中下层，以底栖无脊椎动物为食。

经济意义　个体小，数量少，经济价值不大。

资源现状　主要分布于拒马河中上游，种群数量少，为稀有种。

（49）蛇鮈*Saurogobio dabryi* Bleeker 1871

分类地位　鲤形目Cypriniformes、鲤科Cyprinidae、鮈亚科Gobioninae

地 方 名　船钉鱼、沙胡鲈子

英 文 名　Chinese lizard gudgeon

同物异名　*Armatogobio dabryi*（Bleeker）

形态特征　背鳍ⅲ-8；臀鳍ⅲ-6；胸鳍ⅰ-13～15；腹鳍ⅱ-7。侧线鳞47～50。鳃耙9～12。下咽齿1行。

体延长，略呈圆筒形，背部稍略平直，腹部略平坦，尾柄稍侧扁。头较长，其长大于体高。吻突出，在鼻孔前下凹，使吻部显著突出。口下位，唇发达，具显著的乳突，下唇后缘游离。上、下唇沟相通，上唇沟较深。口角须1对，其长度小于眼径。眼较大。体被圆鳞，胸鳍基部之间无鳞。侧线完全，平直。背鳍无硬刺，其起点距吻端较其基部后端距尾鳍基小；胸鳍长，其长度约等于或稍小于头长，末端不达腹鳍；腹鳍起点位于背鳍第五根至第六根分支鳍条之下，距胸鳍基较距臀鳍起点为近；肛门距腹鳍基较近，约在腹鳍基至臀鳍起点之间的前1/5处；臀鳍起点距尾鳍基较距腹鳍基近；尾鳍分叉，上、下叶等长，末端尖。

体背部及体侧上半部青灰色或黄绿色，腹部灰白色。吻部背面及两侧各有1条黑色条纹，鳞片边缘黑色。体侧中轴从鳃孔上方至尾鳍基有1条浅黑色纵带，上有13～14个不明显的长方形黑斑。背部中线隐约可见4～5个黑斑。胸鳍、腹鳍及鳃盖边缘为黄色；背鳍、臀鳍及尾鳍为灰白色。

地理分布　分布甚广，我国境内除西北少数地区外，几乎遍布于全国各主要水系。

生态习性　小型鱼类。喜栖息于河流缓流沙底或湖泊中的中下层。摄食水生无脊椎动物，如昆虫或桡足类，同时吃少量水草或藻类。繁殖季节在5～7月，产漂浮性卵。

经济意义　个体小，数量少，经济价值低。

资源现状　白洋淀过去曾有记载，但数量少，可能是经通淀河流进入的个体（郑葆珊等，1960）。近年来的白洋淀流域资源调查中，主要在拒马河中上游有少量种群，为稀有种。

（50）似鮈*Pseudogobio vaillanti*（Sauvage 1878）

分类地位　鲤形目Cypriniformes、鲤科Cyprinidae、鮈亚科Gobioninae
地 方 名　砂轱辘、拟鮈
同物异名　*Gobio vaillanti*（Sauvage）

形态特征　背鳍ⅲ-7；臀鳍ⅲ-6；胸鳍ⅰ-13～14；腹鳍ⅰ-7。侧线鳞39～42。鳃耙10～13。下咽齿2行。

体较长，背部隆起，自背鳍起点处向后渐次减低，腹部平坦。口下位，口裂末端达鼻孔前缘。唇厚，其上具乳突；下唇分为3叶，中叶椭圆形，后缘游离，两侧叶在中叶前端相连，有沟与中叶前缘分离，并在口角处与上唇相连。口角须1对，其长度稍大于或等于眼径。眼中等大，侧上位；眼间距宽，中间凹陷。体被圆鳞，胸部裸露无鳞，腹部鳞片较体侧鳞片小。侧线完全，较平直。背鳍无硬刺，其起点至吻端较至尾鳍基为稍远；胸鳍发达，后伸不达腹鳍起点；腹鳍起点在背鳍第二至第三根分支鳍条相对；肛门靠近腹鳍，约位于腹鳍基至臀鳍起点间的前1/6处；臀鳍较短小，起点距尾鳍基较距腹鳍基为远；尾鳍分叉较浅。

体背侧为黄褐色或灰黑色，腹部浅灰色。背部中央有5个黑色斑块，体侧具6～7个不规则的黑色斑块；背部及体侧鳞片上有许多小黑点。鳃盖及胸鳍基两侧呈黑色。背鳍和尾鳍具排列呈条纹的黑点，偶鳍上的黑点零乱，臀鳍灰白色。

地理分布　我国自北部海河水系至南部长江水系、闽江、北江、钱塘江等。

生态习性　小型鱼类。喜栖息于山涧溪流底层活动，以底栖昆虫的幼虫为食。繁殖季节在5～7月，雌鱼2冬龄达到性成熟，雄鱼3冬龄达到性成熟。

经济意义　个体小，种群数量少，经济价值不大。

资源现状　近年来在白洋淀流域野外资源调查中未采集到标本。

（51）兴隆山小鳔鮈*Microphysogobio hsinglungshanensis* Mori 1934

分类地位 鲤形目Cypriniformes、鲤科Cyprinidae、鮈亚科Gobioninae
地 方 名 青龙山小鳔鮈、爬虎
同物异名 *Microphysogobio kinglongshanensis*（Mori）

形态特征 背鳍iii-7；臀鳍iii-5；胸鳍 i-10～12；腹鳍 i-7。侧线鳞35～39。下咽齿1行。

体长，棒形，略粗短，背部隆起，后部稍侧扁。头稍小。吻短，略向前下方突出，吻端略圆。口下位，唇厚，其上具乳突状结构，上唇表面常具明显或不甚明显的乳突或褶；下唇中部具1对紧靠一起的卵圆形肉质中叶，两侧叶较发达，其上均具细小乳突。口角须1对，其长度小于眼径。眼中等大，侧上位；眼间距平坦或微隆起。体被圆鳞，胸、腹部裸露区至腹鳍起点，腹鳍起点处有两枚并排的大鳞片。侧线完全，较平直。鳔2室。背鳍较发达，外缘斜截，其起点至吻端较至尾鳍基为近；胸鳍发达，后端圆，后伸不达腹鳍起点；腹鳍后端圆钝，其起点明显在背鳍起点后下方，后伸可达肛门；肛门约位于腹鳍基至臀鳍起点间的前1/3处；臀鳍较短小；尾鳍分叉较浅，上叶略长于下叶，末端圆。

体背侧为黄褐色，腹部浅灰色。背部有数个暗黑色斑块，体侧中轴具1列暗褐色斑纹。侧线鳞上下均有1列小黑点。除臀鳍外，其他各鳍均有多数黑点组成的条纹。

地理分布 河北省拒马河、滦河水系有分布。

生态习性 喜栖息于山涧溪流底层。

经济意义 个体小，种群数量少，经济价值不大。

资源现状 在拒马河有一定量种群，为较常见种。

（52）棒花鱼*Abbottina rivularis*（Basilewsky 1855）

分类地位 鲤形目Cypriniformes、鲤科Cyprinidae、鮈亚科Gobioninae

地 方 名 大头石猴、爬虎鱼、老头、鱼沙锤、花里棒子

英 文 名 Chinese false gudgeon

同物异名 *Gobio rivularis* Basilewsky，*Pseudogobio rivularis*（Basilewsky），*Tylognathus sinensis* Kner

形态特征 背鳍iii-7；臀鳍iii-5；胸鳍 i-10~12；腹鳍 ii-7。侧线鳞35~39。鳃耙4~5，下咽齿1行。

体稍长，粗壮，前部近圆筒状，后部略侧扁，背部隆起，腹部平直。头大，头长大于体高。口下位，下唇厚而发达，无显著的乳突，上唇具不显著的褶；下唇中央有1对较大的肉质突起，两侧叶光滑，在口角与上唇相连；上、下颌无角质边缘。口角须1对，其长度与眼径相等。眼较小。体被圆鳞，胸部前方裸露无鳞。侧线完全，平直。背鳍无硬刺，外缘明显外突，呈弧形，起点距吻端较距尾鳍基的距离为近；胸鳍后缘圆形，末端不达腹鳍；腹鳍起点与背鳍的第三至第四根分支鳍条相对；肛门近腹鳍，约位于腹鳍基与臀鳍起点之间的前1/3处；尾鳍分叉，上叶稍长于下叶。

雄性体色鲜艳，雌性体色较深暗。背部和体侧上半部棕黄色，腹部银白色。头部略呈乌黑，喉部紫红，头侧自吻端至眼前缘有一黑色条纹，尾柄基部具一垂直条纹。背部具5个黑色大斑块，体侧中轴具7~8个黑斑块。各鳍为浅黄色，胸鳍、背鳍、尾鳍上有由多数黑点组成的条纹。

地理分布 分布极广，我国除少数高原地区外，几乎遍布于全国各水系。

生态习性 小型底栖鱼类。生活环境广，在静水和流水环境均能生活，但常见于缓流或静水中，多栖息于水体下层，喜栖息于近岸浅水区的泥沙砾石上。杂食性，主要摄食水生无脊椎动物，如昆虫的幼虫、枝角类、桡足类，有时候还摄食一些小型硅藻及丝状藻等。繁殖季节，存在两性异形，雄性整体较雌性大，体侧较雌性鲜艳，在吻部、胸鳍前缘等处有追星。有筑巢习性，雄鱼有护巢行为，繁殖季节在4～5月，产沉性卵。

经济意义 个体小，数量略多，经济价值不大。

资源现状 白洋淀流域内各水体中数量较多，为常见种。

（53）鲤*Cyprinus carpio* Linnaeus 1758

分类地位　鲤形目Cypriniformes、鲤科Cyprinidae、鲤亚科Cyprininae

地 方 名　鲤鱼、大鱼、拐子、鲋仔

英 文 名　common carp

形态特征　背鳍Ⅲ-18～21；臀鳍Ⅲ-5～6；胸鳍ⅰ-15～16；腹鳍ⅰ-8。侧线鳞34～40。下咽齿3行，外行的咽齿呈臼齿状。

体呈纺锤形，侧扁，背部隆起，腹部较平直。头较小，吻稍尖。口亚下位，略呈深弧形，唇发达。须2对，口角须较粗壮，长于吻须。眼中等大，侧上位。眼间距宽。体鳞较大，排列整齐。侧线完全，前部稍弯曲，后部较平直。背鳍长，外缘凹入，末根不分支鳍条强壮，后缘锯齿发达；胸鳍末端稍圆，后伸不达腹鳍起点；腹鳍起点在背鳍起点之后，末端不达肛门；臀鳍末端不分支鳍条后缘带锯齿的强壮硬刺；尾鳍分叉，上、下叶等长，末端稍圆钝。

全身青灰而略带黄色，腹部银白色或浅灰色。体侧鳞片后部有新月形黑斑。胸鳍与尾鳍带红色，背鳍和尾鳍黑色。但因所处水域不同，体色有差异。在浑浊的浅水带栖息的鱼，常出现较深的金黄色光泽，也有完全红色的个体。

地理分布　分布极为广泛，在欧亚大陆各水体中均有分布。

生态习性　中型体形。底层鱼类，适应性很强，多栖息于底质松软、水草丛生的水体。冬季游动迟缓，在深水底层越冬。杂食性，主要摄食底栖动物，如螺、蚌、蚬和水生昆虫的幼虫等，也食高等水生植物和丝状藻类。食物要求不严，根据不同水体和不同季节而有所不同。性成熟年龄为2龄，一般于4月前后在河湾或湖沼水草丛生的地方繁殖，分批产卵，卵为黏性卵，粘附于水草上发育。

经济意义　重要的经济养殖品种。

资源现状　白洋淀中种群数量不多，资源调查采集的个体多为养殖逃逸。

（54）鲫*Carassius auratus*（Linnaeus 1758）

分类地位　鲤形目Cypriniformes、鲤科Cyprinidae、鲤亚科Cyprininae

地 方 名　鲫瓜子、月鲫仔、土鲫、细头、鲋鱼、寒鲋

英 文 名　goldfish

同物异名　*Cyprinus auratus* Linnaeus

形态特征　背鳍Ⅲ-17～18；臀鳍Ⅲ-5；胸鳍ⅰ-16～17；腹鳍ⅰ-8。侧线鳞26～30。咽齿1行，呈铲形，侧扁。

体纺锤型，侧扁，背部隆起，腹部略圆，尾柄较高。头稍小，吻短钝。口小，端位，弧形，下颌稍向上斜。无须。眼较小，侧上位。眼间距宽且隆起。体被圆鳞，排列整齐。侧线完全，较平直。背鳍较宽，外缘较平直或微凹，末根不分支鳍条为粗壮的硬刺，后缘有锯齿；胸鳍后缘圆钝，后伸可达腹鳍起点；腹鳍起点与背鳍起点相对或略前，其末端远不达肛门；肛门紧邻臀鳍；臀鳍末根不分支鳍条后缘为锯齿状的强壮硬刺；尾鳍分叉稍浅，上、下叶等长，末端略圆。

体呈银灰色，背部色略暗，因栖息的环境不同，颜色也有所不同。在水草多的地方的鱼有金黄色光泽，白洋淀淀内的鱼大多色暗，堤内水体中的鱼则色淡。也有完全红色的个体。

地理分布 分布广泛，我国各种水体中均有分布。

生态习性 中小型鱼类。底栖性，经常栖息在杂草丛生的水域，喜有腐殖质的水体。性情温顺、文静，警觉性很高，喜欢群集。杂食性，摄食水生植物碎屑、腐殖有机碎屑、底栖小动物，如蚯蚓、蛆、虾等。为广温性鱼类，15～25℃范围内活动能力最强，食欲旺盛。性成熟年龄为1冬龄，繁殖能力强，产卵期长，从春季持续到秋季，为分批产卵类型，产黏性卵，附着于水草上。

经济意义 白洋淀流域数量多，食用价值高。

资源现状 白洋淀中具有较大种群数量，为优势物种，但河流中的种群数量少。

（55）多鳞白甲鱼*Onychostoma macrolepis*（Bleeker 1871）

分类地位　鲤形目Cypriniformes、鲤科Cyprinidae、鲃亚科Barbinae

地 方 名　突吻鱼、多鳞突吻鱼、多鳞铲颌鱼、赤鳞鱼、梢白甲鱼、泉鱼

英 文 名　larges cales hovel jaw fish

同物异名　*Gymnostomus macrolepis* Bleeker，*Scaphesthes macrolepis*（Bleeker），*Varicorhinus*（*Scaphesthes*）*macrolepis*（Bleeker）

形态特征　背鳍ⅲ-8；臀鳍ⅲ-5；胸鳍ⅰ-15～17；腹鳍ⅱ-8～9。侧线鳞48～53。鳃耙26～28。下咽齿3行。

体延长，侧扁，背部稍隆起，腹部略圆。头短，吻钝。口下位，横裂，口裂较宽，下颌边缘具锐利的角质。须2对，较细小，颌须不超过眼径的1/4。眼中等大，侧上位。体被圆鳞，排列整齐，胸部鳞片较细小，埋于皮下。侧线完全，前部稍下弯，后部较平直。背鳍末根不分支鳍条柔软，上半部分节，后缘光滑；胸鳍后伸远不达腹鳍；腹鳍起点在背鳍起点之后，末端远不达肛门；肛门紧邻臀鳍；尾鳍分叉。

体背部草绿色，腹部白色，体侧鳞片有新月形黑斑；背鳍、臀鳍中部鳍膜橘红色，其他各鳍近基部浅灰绿色，向外橘红色渐深。

地理分布　我国特有种，分布于滦河以南水系。

生态习性　生活于山间溪流中下层水体。具有越冬习性，越冬时间长，一般从当年10月下旬或11月初至次年4月前后，近半年时间。繁殖期在4～5月，产黏性卵，产卵习性需流水刺激。成熟个体主要用角质化的下颌刮食水中砂石上的着生藻类，也进食水中无脊椎动物，幼鱼期主要以无脊椎动物为食。

经济意义　肉质鲜美，为名贵珍稀鱼类。

资源现状　国家二级保护野生动物。近年来，在白洋淀流域野外资源调查中未采集到标本。

（56）鳙*Hypophthalmichthys nobilis*（Richardson 1845）

分类地位　鲤形目Cypriniformes、鲤科Cyprinidae、鲢亚科Hypophthalmichthyinae
地 方 名　花鲢、大头鱼、胖头鱼
英 文 名　bighead carp
同物异名　*Aristichthys nobilis*（Richardson）

形态特征　背鳍ⅲ-7；臀鳍ⅲ-11～13；胸鳍ⅰ-16～17；腹鳍ⅱ-7～8。侧线鳞98～110。下咽齿1行。

体侧扁，较高。腹鳍基至肛门前具腹棱。头肥大，头长大于体高，故有“胖头鱼”的俗称。吻钝圆而宽，口端位，口裂稍向上倾斜，下颌稍突出于上颌，上颌中部厚，口角可达眼前缘垂直线之下。眼小，位于头部中轴下方，眼间距宽。鳃膜与峡部不相连，鳃具发达的螺旋状鳃上器。体鳞小。侧线完全，在胸鳍末端上方弯向腹侧，向后延伸至尾柄正中。背鳍起点在身体后半部，位于腹鳍起点之后；胸鳍长，末端远超过腹鳍基部；腹鳍末端可达或超过肛门，但不达臀鳍，性成熟后，雄鱼胸鳍前具几枚鳍条上有向后倾斜的刃状齿，性成熟雄鱼终身存在；臀鳍起点距腹鳍基较距尾鳍基为近；尾鳍深分叉，上、下叶约等长，末端尖。

体背及体侧上半部浅黑色，分布许多不规则的黑色斑点；腹部灰白色。各鳍呈灰色，其上分布有许多黑色小斑点。

地理分布　分布广泛，我国自北部黑龙江流域至南部珠江、海南、元江等均有分布。

生态习性　大型鱼类。中上层鱼类，喜在江河、湖泊等水体中活动。性情温和，行动较迟缓。滤食性鱼类，食物主要是浮游动物。繁殖季节在4～7月，在流速快、浊度大的大水体中产卵，产漂浮性卵。

经济意义　我国重要淡水养殖品种“四大家鱼”之一，经济价值高。

资源现状　白洋淀流域内水库和白洋淀采集到标本，为人工放养物种。

（57）鲢*Hypophthalmichthys molitrix*（Valenciennes 1844）

分类地位　鲤形目Cypriniformes、鲤科Cyprinidae、鲢亚科Hypophthalmichthyinae

地 方 名　白鲢、鲢子、胖头

英 文 名　silver carp

同物异名　*Hypophthalmichthys dabry* Guichenot，*Hypothamicthys molitrix*（Valenciennes）

形态特征　背鳍ⅲ-7；臀鳍ⅲ-11～13；胸鳍ⅰ-16～17；腹鳍ⅱ-7～8。侧线鳞105～118。下咽齿1行。

体侧扁，稍高，腹部扁、薄，从胸鳍基前下方至肛门间有发达的腹棱。鳞小，侧线完全，前段弯向腹侧，后延伸至尾柄中央。背鳍基短，其起点位于腹鳍起点的后上方，第三根不分支鳍条为软鳍条；胸鳍较长，后伸近腹鳍，性成熟后，雄鱼胸鳍前具几枚鳍条上有向后倾斜的刃状齿，性成熟雄鱼终身存在；腹鳍较短，后伸不达臀鳍；臀鳍起点在背鳍基后下方，距腹鳍距离较距尾鳍为近；尾鳍深分叉，上、下叶等长，末端尖。

体背、头部为灰黑色，腹部银白色。背鳍、尾鳍有时黑灰色，其他各鳍色淡或橘红色。

地理分布　分布广泛，我国自北部黑龙江流域至南部珠江、海南、元江等均有分布。

生态习性　大型鱼类。上层鱼类，性情活泼，善于跳跃，喜在江河、湖泊等水体中活动。滤食性鱼类，食物主要是浮游植物，也摄食少量浮游动物，有时摄食植物碎屑；幼鱼通常食轮虫、藻类以及少量浮游甲壳动物。繁殖季节在5～6月，在流速快、浊度大的大水体中产卵，产漂浮性卵。

经济意义　我国重要淡水养殖品种“四大家鱼”之一，经济价值高。

资源现状　白洋淀流域内水库和白洋淀采集到标本，为人工放养物种。

2.5.3 条鳅科Nemacheilidae

（1）北鳅*Lefua costata*（Kessler 1876）

分类地位 鲤形目Cypriniformes、鳅超科Cobitoidea、条鳅科Nemacheilidae

地 方 名 八须鳅

英 文 名 eightbarbel loach，eight-whiskered stone loach

同物异名 *Diplophysa costata* Kessler

形态特征 背鳍ⅳ-6；臀鳍ⅲ-5；胸鳍 ⅰ-9～11；腹鳍 ⅰ-5～6。

体延长，头平扁，背部宽平，尾柄较高。头稍长，吻短钝。口下位，唇厚，下唇中央有4个乳突。前鼻孔与后鼻孔分开一短距，前鼻孔向前延伸形成管状突起的须；吻须2对，较长；口角须1对，其末端伸达眼后缘。眼小，侧上位。体鳞小，无侧线。鳔2室，后室长卵圆形。背鳍位于身体的后 1 /2处，外缘微凹；胸鳍短小，后缘圆钝；腹鳍起点位于背鳍起点稍前，短小，后伸不达肛门；尾鳍为圆尾，尾柄具不发达的皮质棱。

背部灰褐色，腹部白色。雄性个体体侧中部有1条宽度约等于眼径贯穿首尾的黑褐色纵带，背鳍与尾鳍上有不规则褐色小点散布。

地理分布 分布于我国淮河以北的东部水系。

生态习性 底层小型鱼类，多生活在山区河流或高原湖泊、水库、水草丛生的浅水水体中，以水生昆虫及其幼虫、藻类和植物碎屑为食。繁殖期在4～7月。

经济意义 个体小，种群数量少，无经济价值。

资源现状 北京市重点保护鱼类。在白洋淀流域中，仅在拒马河上游采集到少量个体，为稀见种。

（2）达里湖高原鳅*Triplophysa dalaica*（Kessler 1876）

分类地位　鲤形目Cypriniformes、鳅超科Cobitoidea、条鳅科Nemacheilidae

地 方 名　巴鳅

同物异名　*Diplophysa dalaica* Kessler

形态特征　背鳍ⅳ-7～8；臀鳍ⅲ-5；胸鳍 ⅰ-10～11；腹鳍 ⅰ-6～7。

体延长，粗壮，背鳍基至尾鳍基的高度几乎不变，体前呈圆筒形，后部侧扁。吻部钝。口下位，唇厚，上唇边缘有流苏状的短乳头状突起，下唇面多乳头状突起和深褶。须3对，2对吻须分生于吻端，外吻须伸达眼前缘下方；口角须1对，稍长，其后伸达眼后缘下方。体无鳞。腹鳍位置较后；腹鳍起点与背鳍的第三至第七根分支鳍条相对；尾鳍后缘微凹入，上、下叶等长，或上叶稍长。

体背和体侧浅褐色，背部在背鳍前后各有4～8条褐色横纹，斑纹宽窄于斑纹间距宽，斑纹不延伸到体侧；体侧具不规则的斑块；背鳍和尾鳍具多列点状斑纹。在繁殖季节，雄鱼胸鳍红色，眼前具两条骨质棱。

地理分布　我国黄河以北、滦河以南有分布。

生态习性　小型底栖鱼类，多生活在山区河流或高原湖泊、水库、水草丛生的浅水水体中。杂食性，以水生昆虫及其幼虫、枝角类、桡足类、藻类和植物碎屑为食。繁殖期在6～7月。

经济意义　个体小，种群较少，经济价值不大。

资源现状　北京市重点保护鱼类。在白洋淀流域中，在拒马河中上游有少量种群，为较常见种。

（3）赛丽高原鳅*Triplophysa sellaefer*（Nichols 1925）

分类地位　鲤形目Cypriniformes、鳅超科Cobitoidea、条鳅科Nemacheilidae

地 方 名　巴鳅

同物异名　*Barbatula yarkandensis sellaefer* Nichols

形态特征　背鳍ⅳ-7～8；臀鳍ⅲ-5～6；胸鳍 i-10～11；腹鳍 i-6～7。

体延长，前部呈亚圆筒形，后侧扁。头稍平扁，头宽稍大于头高。吻尖，吻长等于眼后头长。口下位，唇厚，唇面多褶。须3对，2对吻须分生于吻端，较短，外吻须后伸达鼻孔下方；口角须1对，较长，其后伸达眼后缘下方。眼较小，位于头部侧上位。背鳍前无鳞，体鳞小。各鳍较长，胸鳍长等于或稍长于头长；腹鳍伸达肛门或达臀鳍起点；背鳍最长鳍条长于体高。腹鳍起点与背鳍起点相对或稍前。鳔后室退化，仅残留一个很小的膜质室。肠管短，自胃部之后，向前折呈“Z”字形，最后折向肛门。

体浅黄，背部在背鳍前、后各具4～6条褐色马鞍形斑纹。沿侧线有1条褐色条纹，背鳍具1列褐色斑点，尾鳍斑点小，成列排列或不成列排列，头部斑纹稀疏。

地理分布　分布于我国滦河流域以南、黄河流域以北水系中。

生态习性　小型底栖鱼类，多生活在山区河流或高原湖泊、水库、水草丛生的浅水水体中。杂食性，以水生昆虫及其幼虫、枝角类、桡足类、藻类和植物碎屑为食。

经济意义　个体小，数量少，通常作为食用野杂鱼。

资源现状　在白洋淀流域中，仅在拒马河中上游分布有少量个体，为稀见种。

2.5.4 沙鳅科Botiidae

（1）花斑副沙鳅*Parabotia fasciatus* Dabry de Thiersant 1872

分类地位 鲤形目Cypriniformes、鳅超科Cobitoidea、沙鳅科Botiidae

地 方 名 黄沙鳅、黄鳅、沙鳅、花间刀、蕉子鱼

同物异名 *Parabotia fasciata* Dabry de Thiersant，*Botia fasciata*（Guichenot），*Botia xanthi*（Günther）

形态特征 背鳍ⅳ-9；臀鳍ⅲ-5；胸鳍 ⅰ-12；腹鳍 ⅰ-7。

体较长，前部略圆，尾部侧扁。头较尖长，吻部甚长，尖端突出。口下位，上、下唇两侧皮褶较厚，吻皮盖过上颌。须3对，2对吻须聚生在吻端，口角须1对。前、后鼻孔靠近，中间有一分离的皮褶。眼较小，侧上位。体被细鳞。眼下刺位于眼的前下缘。侧线完全。背鳍无硬刺，起点位于腹鳍之前；腹鳍起点在背鳍第二至第三根分支鳍条下方；尾鳍分叉。

体呈灰黄色，腹侧色淡。体侧有15～17条暗色垂直带纹，在较大型个体中，带的下部变为不清晰。背鳍与尾鳍均有暗色点状条纹，尾鳍基中央有一黑色斑点。

地理分布 分布广泛，我国东部自北部黑龙江流域至南部珠江流域均有分布。

生态习性 常栖息在浅水带的水草中。

经济意义 数量很少，无食用经济价值，常被当作观赏鱼类。

资源现状 近年来，在白洋淀流域野外资源调查中未采集到标本。

（2）漓江副沙鳅*Parabotia lijiangensis* Chen 1980

分类地位 鲤形目Cypriniformes、鳅超科Cobitoidea、沙鳅科Botiidae
地 方 名 黄沙鳅、黄鳅、沙鳅

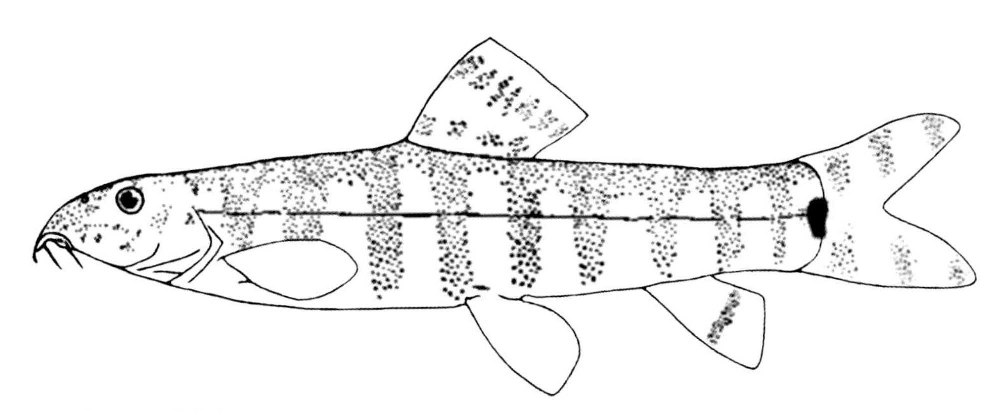

资料来源：成庆泰，1987。

形态特征 背鳍ⅳ-9；臀鳍ⅲ-5；胸鳍 ⅰ-10～11；腹鳍 ⅰ-7。

体长，稍侧扁，尾柄短，其长约等于尾柄高。头较短，稍大于体高。吻圆钝，吻长等于眼后头长。眼大，侧上位。眼下刺分叉，末端达到或稍超过眼中央。口小，下位，口角位于鼻孔前缘的下方，下唇为纵沟隔开为两半。颐部无突起。须3对，吻须2对聚生于吻端，口角须1对，其长稍短于眼径。侧线完全，平直。颊部具鳞。胸、腹鳍基具腋鳞。背鳍起点位于体长的后1/2处，外缘斜截；腹鳍起点约位于背鳍第二至第三根分支鳍条的下方，末端达到或超过肛门；臀鳍起点位于腹鳍基至尾鳍基距离的中点或靠近后者，臀鳍末端近达尾鳍基。尾鳍深分叉，上、下叶等长，末端尖形。

体棕黄色，体背和体侧具10～13条棕黑色垂直带纹，延伸至腹部。头背面具2条棕黑色横带纹，一条位于头后部，延伸至鳃孔上角；另一条位于眼间，延伸至眼上缘。尾鳍基部中央具一黑斑，背鳍具2条由斑点组成的斜形黑条纹；尾鳍具3～4列斜行黑带纹，靠近臀鳍起点具1条不明显黑色带纹，鳍间具1条明显黑色条纹；腹鳍具2条不甚明显的带纹；胸鳍背面暗色。

地理分布 分布广泛，我国东部自北部海河水系至南部珠江流域。

生态习性 常栖息在浅水带的水草中间。

经济意义 数量很少，无食用经济价值，常被当作观赏鱼类。

资源现状 赵连有（1999）曾记录在大沙河阜平县河段采集到标本。近年来，在白洋淀流域野外资源调查中未采集到标本。

（3）黄线薄鳅*Leptobotia flavolineata* Wang 1981

分类地位　鲤形目Cypriniformes、鳅超科Cobitoidea、沙鳅科Botiidae
地 方 名　黄沙鳅、黄鳅、沙鳅、花间刀、蕉子鱼

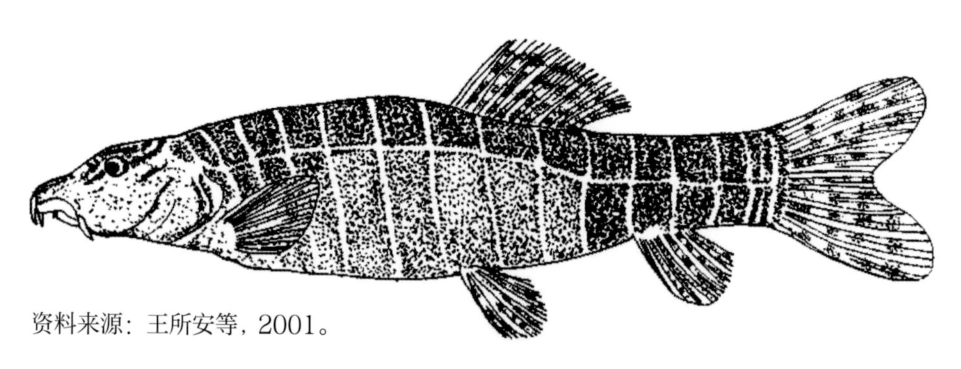

资料来源：王所安等，2001。

形态特征　背鳍ⅳ-9；臀鳍ⅲ-5；胸鳍ⅰ-10；腹鳍ⅰ-7。

体长，侧扁，尾柄较短而高。吻短。口小，下位，颐部紧邻下唇之后具一纽状突起。须3对，2对吻须聚生；口角须1对，其长度约等于眼径的1.5倍，末端伸达眼前缘。眼侧上位，眼间距微突。眼下刺不分叉，后伸达眼中央。体被细鳞，颊部有鳞。侧线完全，较平直。背鳍起点约在眼后缘至尾鳍基的中央，外缘平截；胸鳍小，后缘钝圆，后伸远不达腹鳍起点；腹鳍起点在背鳍第一根分支鳍条的下方，后伸不达肛门；臀鳍稍发达，外缘略凸；尾鳍后缘深凹入，两叶尖钝圆，等长。

体棕灰色，腹部浅黄色，头部由吻端向后具5条纵行线纹（顶部1条，左、右两侧各2条，分布在眶上和眶下），体侧具14条深棕色垂直宽带纹，排列规则，带间由黄色细带分隔；背鳍和尾鳍具3～4条由细点组成的深褐色条纹，尾鳍基部有1条垂直带纹。

地理分布　我国海河以南至长江水系。

生态习性　中小型鱼类，底层鱼类，喜生活水质清澈的流水中，杂食性。

经济意义　数量少，经济价值不大。

资源现状　国家二级保护野生动物。拒马河水系过去曾在十渡有记录（王鸿媛，1994）。近年来，在白洋淀流域野外资源调查中未采集到标本。

（4）东方薄鳅*Leptobotia orientalis* Xu，Fang & Wang 1981

分类地位 鲤形目Cypriniformes、鳅超科Cobitoidea、沙鳅科Botiidae

地 方 名 黄沙鳅、黄鳅、沙鳅、花间刀、蕉子鱼

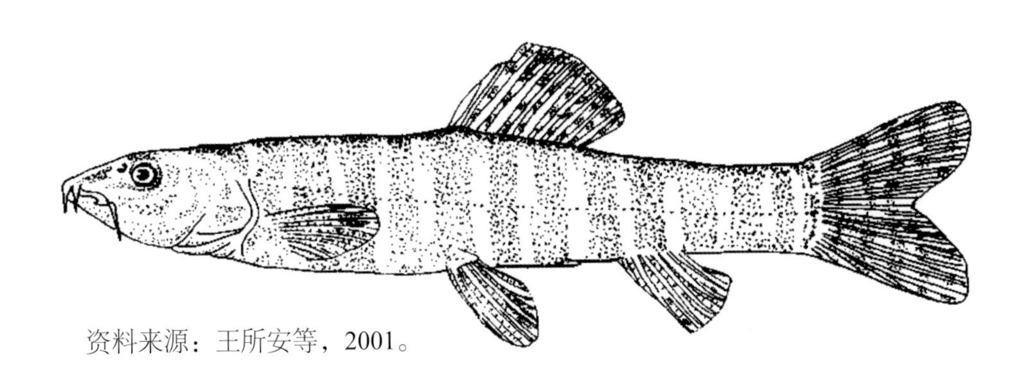

资料来源：王所安等，2001。

形态特征 背鳍ⅳ-9；臀鳍ⅲ-5；胸鳍 ⅰ-10；腹鳍 ⅰ-6。

体长，侧扁。吻短。口小，下位，颐部无纽状突起。须3对；2对聚生吻须，1对口角须。眼小，侧上位。眼下刺不分叉。体被细鳞，颊部有鳞。侧线完全，较平直。背鳍约在吻端至尾鳍基的中点，外缘微突；胸鳍小，后缘钝圆，后伸远不达腹鳍起点；腹鳍起点约与背鳍起点相对，后伸不达肛门；臀鳍末梢尖；尾鳍分叉，两叶尖钝圆。

体背部棕灰色，腹部浅黄色，头部背面和侧面各具1对自吻端至眼的纵行线纹，体侧具11～12条棕灰色垂直宽带纹，排列规则；背鳍和尾鳍具3～5条由细点组成的条纹。

地理分布 分布于我国长江中游北侧支流汉江和海河流域。

生态习性 中小型鱼类，底层鱼类，喜生活水质清澈的流水中，杂食性。

经济意义 数量少，经济价值不大。

资源现状 国家二级保护野生动物。过去曾在拒马河十渡河段和大沙河阜平县河段有记录（赵连有，1991）。近年来，在白洋淀流域野外资源调查中未采集到标本。

2.5.5 鳅科Cobitidae

（1）花斑花鳅*Cobitis melanoleuca* Nichols 1925

分类地位 鲤形目Cypriniformes、鳅超科Cobitoidea、鳅科Cobitidae

地 方 名 山石猴

英 文 名 spide loach

同物异名 *Cobitis granoei* Rendahl

形态特征 背鳍ⅳ-7；臀鳍ⅲ-5；腹鳍 i-5～6；胸鳍 i-8～9。

头短小，吻长小于眼后头长。须3对，口角须末端后伸超过眼前缘。颏叶不发达，短小。眼下刺末端可达眼球中部。体鳞小，椭圆形，鳞焦较小，亚基位，有18～21条初生辐射沟，环片为非同心圆状排列。侧线末端达胸鳍基部的上方。背鳍较长，起点位于体长中点之后；雄性胸鳍第一根分支鳍条最长最宽，雌性第二根分支鳍条最长，雄性胸鳍第一根分支鳍条基部的骨质突起宽大，呈纵椭圆形；腹鳍小，起点与背鳍第一根分支鳍条相对；臀鳍较短；尾鳍较长，截形。

体侧具5条分界明显的斑纹。背部为第一条纹，背鳍之前为细小的斑纹或斑点，背鳍之后为6～7条马鞍型斑纹；体侧上部为第二条纹由不规则的小斑点组成，此带较宽，延伸到尾部；第三条纹为小的圆形斑点组成，延伸至背鳍末端；第四条纹由细小的斑点组成，延伸至尾部；第五5条纹为12～14个略似圆形的斑块组成。尾鳍基部的斑点不明显或缺失。背鳍和尾鳍各具3～4列点状斑纹。头部具细小斑点，从吻端通过眼、头顶至另一侧的吻端，有一成“U”形黑色条纹。

地理分布 分布于海河水系、滦河水系、黄河水系以及辽河水系。

生态习性 小型底栖鱼类，喜生活在浅水带的多水草的底处，河口附近流水处也颇多。主要食物为枝角类、水生昆虫及其幼虫，也吃一些藻类植物。

经济意义 个体小，数量少，作为野杂鱼，食用价值小，常被当作观赏鱼类。

资源现状 白洋淀过去曾有记载，可能是经通淀河流进入的个体（郑葆珊等，1960）。近年来，在白洋淀流域资源调查中，仅在拒马河水系采集到数量不多的个体，为一般种。

（2）泥鳅*Misgurnus anguillicaudatus*（Cantor 1842）

分类地位　鲤形目Cypriniformes、鳅超科Cobitoidea、鳅科Cobitidae

地 方 名　肉泥鳅

英 文 名　loach

同物异名　*Misgurnus mizolepis* Nichols

形态特征　背鳍ⅳ-6～8；臀鳍ⅲ-5；胸鳍 ⅰ-8～9；腹鳍 ⅰ-5～6。

体略粗壮，头略长，吻较短。须较长，口角须末端延伸至或超过眼后缘。上唇内壁褶较少，下唇中央裂开，裂痕较浅。颏叶发达，内外颏叶呈须状，内颏叶长度约为外颏叶的1/2，内颏叶略小于眼径。体鳞椭圆形，鳞焦极小，位于基部，鳞焦直径小于基部环片到鳞焦的距离，具22～24个初生辐射沟，环片为非同心圆排列。雄性胸鳍第二根分支鳍条变粗变长，基部变硬；腹鳍起点与背鳍的第二根或第三根分支鳍条的基部相对；尾柄长，具有发达的皮质棱。

体背侧呈灰褐色，腹部为灰白色，头部灰褐色。背部具不规则黑色斑点；头部两侧各具1条从吻端延伸至眼睛的黑色条纹；背鳍和尾鳍具黑色斑点；尾鳍基部上方具一明显黑斑，下方黑斑有或不明显。

地理分布　我国除西部高原外，各大水系均有分布。

生态习性　小型底栖鱼类，喜栖居泥底，对环境适应力很强，各种水体中均能生存。

经济意义　数量多，营养价值高，重要的经济鱼类。

资源现状　白洋淀流域内各水体中，种群数量较多，为常见种。

（3）北方泥鳅*Misgurnus bipartitus*（Sauvage & Dabry 1874）

分类地位　鲤形目Cypriniformes、鳅超科Cobitoidea、鳅科Cobitidae

地 方 名　泥鳅

英 文 名　loach

同物异名　*Nemacheilus bipartitus* Sauvage & Dabry de Thiersant，*Misgurnus erikssoni* Rendahl

形态特征　背鳍ⅳ-6；臀鳍ⅲ-5；胸鳍 i-8～9；腹鳍 i-5～6。

体纤细，头略小，吻短。须短，口角须末端不达眼前缘。上唇内壁具轻微褶，下唇中央裂开，裂痕较深。颏叶不发达，内颏叶短小，呈纽扣状，末端尖。外颏叶略长。体鳞椭圆形，鳞焦较小，靠近基部，鳞焦直径约等于基部环片到鳞焦的距离，具有23～24个初生辐射沟，环片为非同心圆排列。腹鳍起点与背鳍的第二根或第三根分支鳍条的基部相对。雄性胸鳍的第二根分支鳍条变粗变长，基部变硬。尾柄长，具不发达的皮质棱。

体背部为灰黑色，腹部为乳黄色。头部以及背部具不规则黑色斑点，有的个体腹部具黑色斑点；背鳍以及尾鳍上具黑色小斑点。

地理分布　我国分布于黄河以北的部分水系。

生态习性　小型底栖鱼类，喜栖居泥底，对环境适应力很强，各种水体中均能生存。

经济意义　数量少，身体纤细，常作为野杂鱼，无经济价值。

资源现状　白洋淀流域中在拒马河水系采集到少量个体，为稀见种。

（4）大鳞泥鳅*Misgurnus dabryanus*（Dabry de Thiersant 1872）

分类地位　鲤形目Cypriniformes、鳅超科Cobitoidea、鳅科Cobitidae

地 方 名　肉泥鳅

英 文 名　loach

同物异名　*Misgurnus mizolepis* Günther，*Misgurnus oligolepos* Li

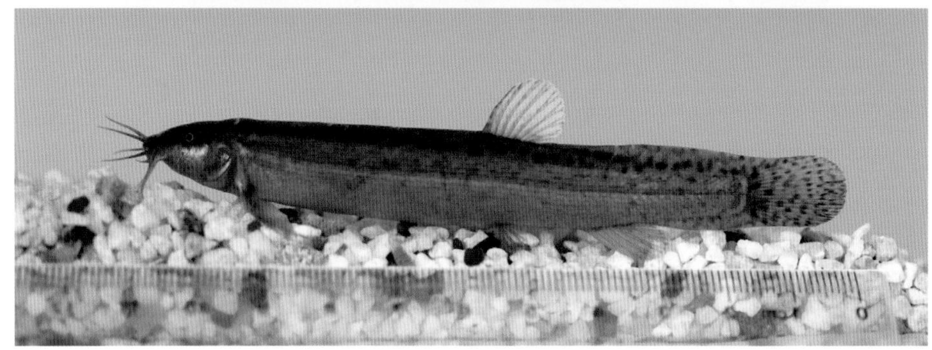

形态特征　背鳍ⅳ-6～8；臀鳍ⅲ-5；胸鳍ⅰ-9～10；腹鳍ⅰ-5～6。

体粗壮，头小，吻短。3对须；2对吻须分生于吻端；口角须1对，须长，口角须末端延伸至鳃盖后缘。上唇内壁具深的褶。颏叶发达，内外颏叶呈细长须状。体鳞椭圆形，鳞焦小，鳞焦直径小于基部环片至鳞焦距离的1/2，具有28～30个初生辐射沟，环片为非同心圆排列。腹鳍起点与背鳍的第二根或第三根分支鳍条的基部相对；雄性胸鳍的第二根分支鳍条变粗变长，基部变硬。尾柄长，具特发达的皮质棱。

身体背部及体侧上半部灰黑色，体侧下半部及腹面灰白色。体背与体侧具不规则的黑色斑点；尾柄基部上方具一明显黑色斑点。背鳍及尾鳍具黑色小点，其他各鳍灰白色。

地理分布　我国除西部高原外，各大水系均有分布。

生态习性　习性与泥鳅相似，体形比泥鳅大。

经济意义　数量多，个体稍大，肉质鲜美，重要的经济鱼类。

资源现状　白洋淀流域各水体中，种群数量较多，为常见种。

2.5.6 脂鲤科Characidae

短盖肥脂鲤*Piaractus brachypomus*（Cuvier 1818）

分类地位 脂鲤目Characiformes、脂鲤科Characidae

地 方 名 淡水白鲳、淡水鲳、短盖巨脂鲤

英 文 名 pirapitinga

同物异名 *Myletes brachypomus* Cuvier，*Colossoma brachypomum*（Cuvier）

形态特征 背鳍18～19；臀鳍16～18；腹鳍8。侧线鳞82～98。鳃耙30～36。

体卵圆形，高而侧扁，呈盘状。头小，其长度等于头高。口端位，无须。吻钝圆。上、下颌具齿2行，齿面尖端突出。眼中等大，位于口角稍上方。自胸鳍基部至肛门具略呈锯状的腹棱鳞。体被圆鳞，鳞小，排列整齐而紧密，不易脱落。背鳍至尾鳍间具脂鳍；背鳍起点与腹鳍略相对；尾鳍分叉，下叶稍长于上叶。胃囊呈“U”形，其长度约为肠长的1/5，胃与十二指肠交界处有幽门盲囊。鳔室2个，后室长于前室。

体色为银灰色或深灰色，胸鳍、腹鳍、臀鳍呈红色，尾鳍边缘带黑色。幼鱼体表有黑色星斑，成鱼消失。

地理分布 原产南美亚马逊河，为热带和亚热带鱼类。1982年被引入我国台湾省，之后人工繁殖成功，逐渐推广至全国。

生态习性 中等体形。中下层鱼类，喜群居和群游。杂食性鱼类，幼鱼以大型浮游动物为食，或摄食有机碎屑和各种人工饲料。成鱼的食性更杂。

经济意义 生长快，个体大，营养价值高，是重要的养殖对象；幼鱼阶段还可作观赏鱼。

资源现状 在白洋淀采集到的少量个体，应为人工养殖逃逸。

2.5.7 鲿科Bagridae

（1）瘋鲿*Tachysurus fulvidraco*（Richardson 1846）

分类地位	鲇形目Siluriformes、鲿科Bagridae
地 方 名	黄颡鱼、钢针、戈艾、黄刺公、疙阿、疙阿丁、黄腊丁、嘎牙子、昂刺鱼、黄鳍鱼、黄刺骨、黄牙鲠、王牙、黄嘎牙、刺疙疤鱼、刺黄股
英 文 名	yellow catfish
同物异名	*Pelteobagrus fulvidraco*（Richardson），*Pseudobagrus fulvidraco*（Richardson）

形态特征　背鳍Ⅱ-6～7；臀鳍Ⅲ-16～24；胸鳍Ⅰ-7～9；腹鳍Ⅰ-6～7。鳃耙13～16。

体延长，稍粗壮，吻端向背鳍上斜，后部侧扁。头顶大部裸露。口下位，上、下颌以及腭骨均有绒毛状细齿，均排列呈带状。须4对，其中鼻须位于后鼻孔前缘，伸达或超过眼后缘；颌须1对，后伸达或超过胸鳍基部；外侧颏须长于内侧颏须。鳃孔大，向前伸至眼中部垂直下方的腹面。鳃盖膜不与鳃峡相连。体表裸露无鳞，黏液腺发达，侧线完全。背鳍较小，具骨质硬刺，前缘光滑，后缘具细锯齿；脂鳍短，基部位于背鳍基后端至尾鳍基中央偏前；臀鳍基底长；胸鳍侧下位，具骨质硬刺，其前缘锯齿细小而多，后缘锯齿粗壮而少，能活动，尖端具毒；腹鳍短，后端伸达臀鳍；肛门距臀鳍起点与距腹鳍基后端约相等；尾鳍深分叉，上、下叶等长，末端圆。

体青黄色或棕褐色，体背黑褐色，至腹部渐黄色。沿侧线上下各有一狭窄的黄色纵带。在腹鳍与臀鳍上方各有一黄色横带，交错形成断续的暗色纵斑块。尾鳍两叶中部各有一暗色纵条纹。

地理分布 分布广泛，我国东部北自黑龙江流域南至珠江流域均有分布。

生态习性 中小型体形。底层鱼类，适应性很强，广泛分布在各种水体中，常潜伏在水流缓慢、水草丛生的水体中，白天活动极少，夜间游到水上层觅食。肉食性鱼类，以水生昆虫及其幼虫、小虾、软体动物及小鱼为食。

经济意义 产量相当多，具有一定的经济价值，但不利于养殖。

资源现状 白洋淀流域各水体中，种群数量较多，为较常见种。

（2）长吻疯鲿*Tachysurus dumerili*（Bleeker 1864）

分类地位　鲇形目Siluriformes、鲿科Bagridae

地 方 名　长吻鮠、江团

英 文 名　Chinese longsnout catfish

同物异名　*Rhinobagrus dumerili* Bleeker，*Leiocassis longirostris* Günther，*Pseudobagrus longirostris*（Günther）

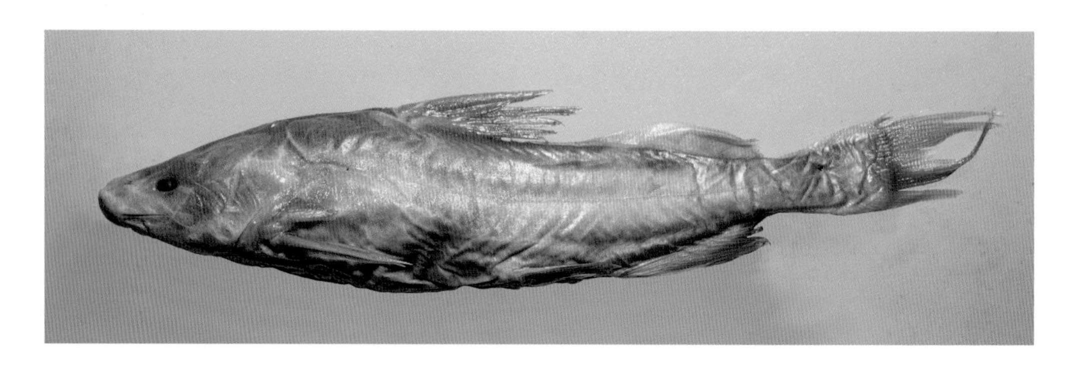

形态特征　背鳍Ⅱ-6～7；臀鳍Ⅲ-14～18；胸鳍Ⅰ-7～9；腹鳍Ⅰ-5～6。鳃耙11～18。

体延长，前部稍粗短，吻端向背鳍上斜，后部侧扁。头略大，不被皮膜所盖。上枕骨棘粗糙，裸露。口下位，上颌突出于下颌。上、下颌及腭骨均有绒毛状细齿，形成弧形齿带。前、后鼻孔距离远，前鼻孔呈短管状，位于吻前端下方。须4对，其中鼻须位于后鼻孔前缘，伸达眼前缘；颌须1对，向后伸超过眼后缘。鳃孔大，鳃盖膜不与鳃峡相连。鳃耙短小。体表裸露无鳞，侧线完全。背鳍较小，具骨质硬刺，前缘光滑，后缘具锯齿，其硬刺长于胸鳍硬刺；脂鳍短，基部位于背鳍基后端至尾鳍基中央偏后；臀鳍基底长；胸鳍侧下位，骨质硬刺前缘光滑，后缘锯齿粗壮；腹鳍短，距胸鳍基后端大于距臀鳍起点；肛门距臀鳍起点与距腹鳍基后端约相等；尾鳍深分叉，上、下叶等长，末端圆。

体粉红色，背部暗灰色，至腹部渐色浅。头及体侧具不规则的紫灰色斑块。各鳍灰黄色。

地理分布　我国东部自辽河至闽江水系。

生态习性　体形较大，生长快。底层鱼类，常在水流较缓、水深且石块多的河湾水域生活。白天多潜伏于水底或石缝内，夜间外出觅食。肉食性鱼类，主要摄食水生昆虫及其幼虫、甲壳类、小型软体动物和小型鱼类。3冬龄性成熟，繁殖季节在4～6月，产黏性卵，受精卵附着于石块上。

经济意义　肉质细腻，味道鲜美，为优质食用鱼类。

资源现状　近年来，在白洋淀流域野外资源调查中未采集到标本。

（3）瓦氏拟鲿*Pseudobagrus vachellii*（Richardson 1846）

分类地位 鲇形目Siluriformes、鲿科Bagridae

地 方 名 瓦氏黄颡、灰杠、江黄颡、硬角黄腊丁、郎丝江颡、嗄呀子

同物异名 *Pelteobagrus vachellii*（Richardson）

形态特征 背鳍Ⅱ-6～8；臀鳍ii-21～24；胸鳍Ⅰ-7～9；腹鳍i-5。鳃耙13～18。

体延长，前部略圆，后部侧扁，尾柄略细长。吻钝圆，口裂大，下位。上、下颌具绒毛状细齿，下颌齿带中央分离。须4对，颌须略粗壮，后端略超过胸鳍基后端；外侧颏须长于内侧颏须，后伸达胸鳍。鳃孔宽。鳃盖膜不与鳃峡相连。鳃耙短小。体表裸露无鳞。背鳍位前，骨质硬刺前缘光滑，后缘略具锯齿，其长度长于胸鳍硬刺；脂鳍短，后缘游离，基部位于背鳍基后端至尾鳍基中央偏后；臀鳍基长，大于脂鳍基；胸鳍下侧位，硬刺前缘光滑，后缘具强锯齿，后伸不达腹鳍；腹鳍起点位于背鳍基后端垂直下方之后，距胸鳍基后端远大于距臀鳍起点，末端超过臀鳍起点；肛门距臀鳍起点较距腹鳍基后端为近；尾鳍深分叉，上、下叶等长，末端圆钝。

背部灰褐色，体侧灰黄色，腹部浅黄色。各鳍暗色，边缘略带灰黑色。尾鳍下叶边缘灰黑色。

地理分布 分布广泛，我国东部地区北自黑龙江流域南至珠江流域均有分布。

生态习性 为小型底栖鱼类，栖息于多岩石或泥沙底质的江河里。肉食性鱼类，摄食小鱼、小虾、水生昆虫、小型软体动物和其他水生无脊椎动物。繁殖季节在4～5月，产黏性卵。

经济意义 数量少，为当地野杂鱼，经济价值不高。

资源现状 白洋淀过去曾有记载，但数量少，可能是经通淀河流进入的个体（郑葆珊等，1960）。近年来，白洋淀流域鱼类资源调查中，拒马河水系偶尔捕捞到少量个体，为稀有种。

（4）乌苏里黄颡鱼*Pelteobagrus ussuriensis*（Dybowski 1872）

分类地位 鲇形目Siluriformes、鲿科Bagridae

地 方 名 乌苏里鮠、乌苏里拟鲿、牛尾巴

英 文 名 Ussuri catfish

同物异名 *Leiocassis ussuriensis*（Dybowski），*Pseudobagrus ussuriensis*（Dybowski），*Macrones ussuriensis*（Dybowski）

形态特征 背鳍 I-6～7；臀鳍 ii-15～19；胸鳍 i-6～9；腹鳍 i-5～6。鳃耙9～13。游离脊椎骨45～47枚。

体延长，前部粗圆，后部侧扁。头平扁，头顶有皮膜覆盖；上枕骨棘几裸露，与项骨接近。吻稍尖圆。口下位，唇厚，上颌突出于下颌。上、下颌具绒毛状细齿，形成齿带；腭骨齿带呈新月形。眼小，侧上位，眼缘不游离，被皮膜覆盖。前后鼻孔分离，前鼻孔呈短管状，位于吻端。须短细，鼻须后伸达眼后缘，颌须后端接近胸鳍起点；外侧颏须长，后伸超过眼后缘。鳃盖膜不与峡部相连。背鳍硬刺前缘光滑，后缘具弱锯齿，背鳍起点距吻端略小于距脂鳍起点。脂鳍略低且长，等于或略长于臀鳍基，基部位于背鳍基后端至尾鳍基中央偏后，后缘游离。臀鳍起点位于脂鳍起点垂直下方略后，至尾鳍基的距离大于至胸鳍基后端。胸鳍硬刺前缘光滑，后缘具强锯齿，鳍条后伸不达腹鳍。腹鳍后伸不达臀鳍，位于背鳍后端垂直下方之后，距胸鳍基后端大于距臀鳍起点。肛门距臀鳍起点与距腹鳍基后端相等。尾鳍内凹，上叶稍长，末端圆钝。

体灰黄色，腹部色浅。体侧和头背部具不规则褐色小斑点。

地理分布 我国东部自黑龙江至珠江流域。

生态习性 体形中等。常栖息于缓流河道、湖泊的水草茂盛的浅水水域，营底栖生活。肉食鱼类。

经济价值 数量少，肉质鲜美，具有一定的食用价值。

资源现状 北京市重点保护鱼类。在白洋淀流域中，仅在拒马河上游采集到少量个体，为稀见种。白洋淀过去曾有记载，但数量少，可能是经通淀河流进入的个体（郑葆珊等，1960）。

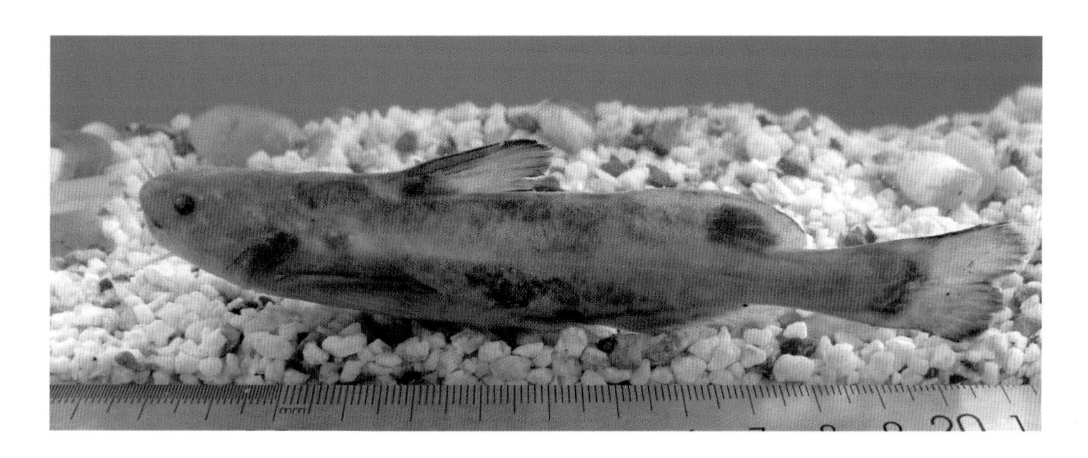

2.5.8 鲇科Siluridae

鲇*Silurus asotus* Linnaeus 1758

分类地位 鲇形目Siluriformes、鲇科Siluridae

地 方 名 鲶鱼、猫鱼、鲇巴郎、鲇拐子

英 文 名 Amur catfish

同物异名 *Parasilurus asotus*（Linnaeus），*Silurus cinereus* Dabry de Thiersant

---

形态特征 背鳍4～5；臀鳍73～82；胸鳍 I-12～13；腹鳍 I-11～12。

体长，头平扁，尾侧扁。头平扁，吻钝圆。口大，亚上位，下颌长于上颌。上、下颌及犁骨上具绒毛状细齿齿带。眼小，侧上位，为皮膜覆盖，眼间距较宽。须2对，其中上颌须1对，较长，后伸达胸鳍基后端；下颌须（颐须）1对，成年个体下颌须消失。体光滑无鳞，富有黏液腺。背鳍短小，位于腹鳍之前上方；胸鳍圆形，侧下位，雄性个体硬刺前缘具弱锯齿；腹鳍小，起点位于背鳍基后端垂直下方之后，距臀鳍起点小于至胸鳍基后端；臀鳍基甚长，后端与尾鳍相连；尾鳍小，微凹。

体色随栖息环境不同而有所变化，一般生活时体呈褐灰色，体侧色浅，具不规则的灰黑色斑块，腹面白色，各鳍色浅。

地理分布 除青藏高原、新疆等地外，全国各水系均有分布。

生态习性 中大型鱼类。常生活于江河、湖泊、水库等水草丛生、水流较缓的泥底层。白日潜伏水底，夜间出来觅食。肉食性，以虾、小鱼为食。繁殖季节在4～7月，产黏性卵。

经济意义 个体较大，肉质鲜美，食用价值较高。但因其吃鱼，对于养鱼是有害的。

资源现状 白洋淀流域各水体中均有一定数量，为较常见种。

2.5.9 银鱼科Salangidae

（1）寡齿新银鱼*Neosalanx oligodontis* Chen 1956

分类地位　胡瓜鱼目Osmeriformes、银鱼科Salangidae

地 方 名　寡齿短吻银鱼、面条鱼、银鱼

英 文 名　pygmy icefish

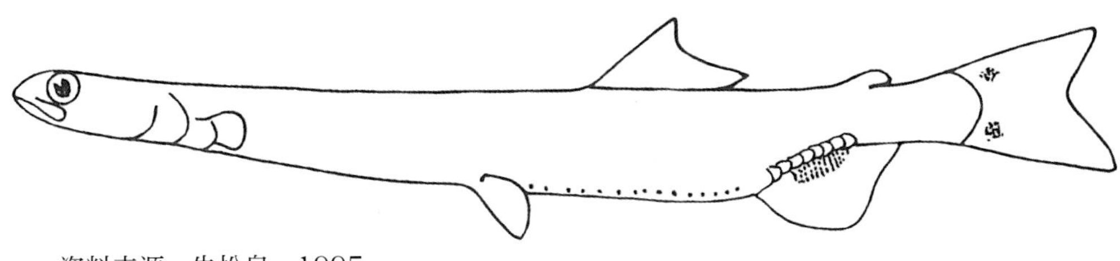

资料来源：朱松泉，1995。

形态特征　背鳍ii-9～12；臀鳍iii-21～24；胸鳍20～24；腹鳍7。椎骨50～53。

体细长，头部平扁。吻短钝。眼大，口大，端位。吻短，上颌骨有1行细牙，约27个，前颌骨与下颌骨均无牙，腭骨与舌上亦无牙。胸鳍呈扇形，有片状肌肉基。雄鱼臀鳍中部的鳍条略粗大，呈弯曲波状，臀鳍上方具1行臀鳞，雌鱼则没有这些特征。腹鳍起点距胸鳍基较距臀鳍起点远。

身体透明，在水内仅能见到两个黑眼。尾鳍基部常有2个小黑斑；雄鱼臀鳍基底的中部常有1列小黑点。尾鳍上、下叶一般无色。

地理分布　我国特有鱼类，分布于长江中下游、微山湖、河北大清河、白洋淀等地。

生态习性　河口洄游性鱼类，生活在水的上层。

经济意义　数量少，体形小，几乎无经济价值。

资源现状　该物种仅在郑葆珊等（1960）的《白洋淀鱼类》中有记录，但数量少，是从海里溯河洄游经通海河进入白洋淀的个体。自1958—1960年在入淀河系上游建库拦洪后，该物种在此后的白洋淀流域资源调查中就消失了。

（2）安氏新银鱼*Neosalanx anderssoni*（Rendahl 1923）

分类地位 胡瓜鱼目Osmeriformes、银鱼科Salangidae
地 方 名 面条鱼、银鱼
英 文 名 icefish
同物异名 *Protosalanx anderssoni* Rendahl

资料来源：成庆泰和周才武，1997。

形态特征 背鳍ⅱ-16～19；臀鳍ⅲ-28～32；胸鳍27～33；腹鳍7。鳃耙14～16。脊椎骨60～66。

体细长，近圆筒形，头部平扁，后部侧扁。吻短钝。眼中等大，眼径略小于吻长。口中等大，前位，下颌略长于上颌，其后端超过眼前缘下方。上齿呈不规则的锯齿状，多包于皮膜内。腭骨、犁骨和舌上均无齿。体光滑，仅雄鱼臀鳍基上方具一纵行臀鳞。腹鳍常明显短于头长；背鳍起点距吻端较距尾鳍基为远；脂鳍小，位于臀鳍后端上方，具肌肉柄；尾鳍叉形。

半透明，吻背、鳃盖后缘及背部具黑色斑点，腹侧自胸鳍至臀鳍间每侧有1行黑点。尾鳍色深，中部有2个黑点。

地理分布 分布于我国黄海、渤海、东海沿岸。

生态习性 生活于近海，性早熟，1冬龄即可以性成熟，繁殖季节在3～5月，产黏性卵。

经济意义 小型经济鱼类。

资源现状 该物种仅在韩希福等（1991）白洋淀鱼类调查中有记录，此后在白洋淀流域鱼类资源调查中再未采集到。

（3）大银鱼*Protosalanx hyalocranius*（Abbott 1901）

分类地位　胡瓜鱼目Osmeriformes、银鱼科Salangidae

地 方 名　面条鱼、银鱼

英 文 名　large icefish

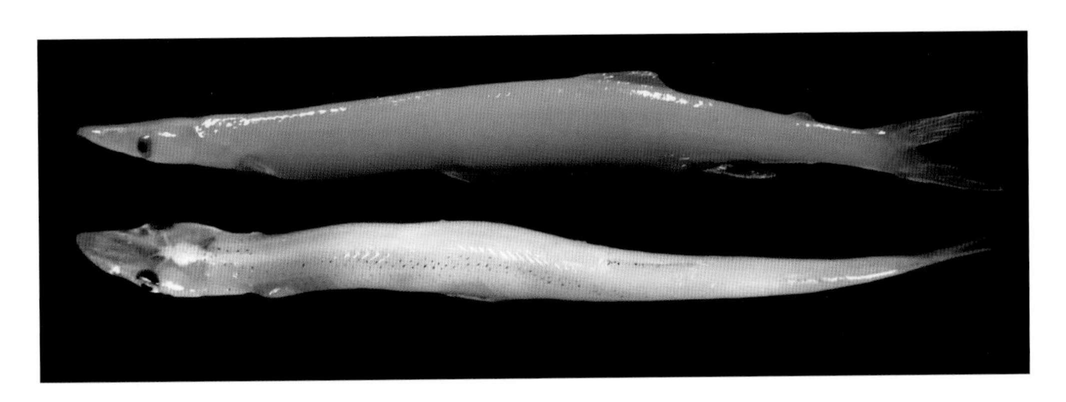

形态特征　背鳍ⅱ-14～15；臀鳍ⅲ-30～31；胸鳍ⅰ-23～25；腹鳍ⅰ-6。脊椎骨66～68。

体长形，前段略呈圆筒形，后部稍侧扁，头部平扁，吻部呈三角形。上颌骨向后伸达眼中间的下方，下颌突出，长于上颌；上颌、下颌、犁骨、颚骨、舌骨、齿骨等具齿。眼大，侧位，眼间距宽平。口小，口裂短。鳃孔很大。鳃盖骨薄。有假鳃。尾柄短。体光滑无鳞，仅雄性在臀鳍基两侧各具一排薄的臀鳞。背鳍靠近身体后部，位于臀鳍的前上方；脂鳍与臀鳍基末端相对；胸鳍呈扇形，胸鳍基有发达的肉质片，雄性胸鳍上方鳍条延长；腹鳍起点距鳃孔较距臀鳍起点为近；臀鳍大，基部长，起点位于背鳍基后缘之后；尾鳍深分叉。

身体洁白透明，头背部和体背部散布黑色斑点，每个肌节具1行黑色斑点，胸鳍至臀鳍的腹面具2行明显的黑色斑点，尾鳍末端常为黑色，其他各鳍白色透明。

地理分布　分布于西北太平洋沿岸，1990年引入我国（王鸿媛，1993）。

生态习性　河口洄游性鱼类，也可定居在河流淡水中，主要摄食浮游动物、小鱼、小虾。1龄性成熟，生殖期在2～3月份，产卵水温为2～6℃，产沉性卵。

经济意义　数量多，味道鲜美，被视为珍品，有“银鱼紫蟹”之称。

资源现状　在西大样水库、王快水库采集到数量不多的个体，为人工放养育苗养殖的物种。

2.5.10 胡瓜鱼科Osmeridae

池沼公鱼*Hypomesus olidus*（Pallas 1814）

分类地位 胡瓜鱼目Osmeriformes、胡瓜鱼科Osmeridae

地 方 名 公鱼、黄瓜鱼

英 文 名 pond smelt

同物异名 *Salmo olidus* Pallas，*Mesopus olidus*（Pallas）

形态特征 背鳍iii-7～9；臀鳍ii～iii-13～16；胸鳍i-10～12；腹鳍i-7～8。

体长形，略侧扁。口裂稍大，下颌略长于上颌；上颌骨后伸至眼下缘。上颌、下颌、犁骨、颚骨、舌骨、齿骨等具弱细齿。眼大，侧上位。体具薄圆鳞，鳞片小。侧线不完全。背鳍与腹鳍相对；脂鳍后端呈指状；胸鳍侧下位，后伸不达腹鳍；尾鳍分叉。

体背部灰褐色，向腹部渐为银白色。头部和体背侧及鳍上均有分散排列的黑色斑点；性成熟个体沿侧线有一宽彩虹色纵条带。

地理分布 分布于北太平洋沿岸各通海河流，1938年引入我国（王鸿媛，1993）。

生态习性 小型鱼类。喜栖息于水温低、水质清澈的水体中，喜在岸边游动。生命周期短，2年性成熟，产卵后死亡，在4～5月繁殖，具溯河洄游产卵习性，在河流或湖泊近岸缓流处砂石底质的水域产卵，产黏性卵，卵粘附于沙砾上。以浮游动物和其他无脊椎动物、藻类为食。

经济意义 肉质鲜美，营养丰富，经济价值高。

资源现状 在西大样水库、王快水库中，为人工放养育苗养殖的物种。

2.5.11 鳀科Engraulidae

（1）凤鲚*Coilia mystus*（Linnaeus 1758）

分类地位 鲱形目Clupeiformes、鳀科Engraulidae、鲚亚科Coilinae
地 方 名 刀鱼、凤尾鱼、河刀鱼
英 文 名 Osbeck's grenadier anchovy，long-tailed anchovy
同物异名 *Clupea mystus* Linnaeus，*Coilia clupeoides*（Lacepède）

形态特征 背鳍 I-12～13；臀鳍74～79；胸鳍6+12；腹鳍 I-6。纵列鳞60～65。

体延长，侧扁，向后渐细尖，背缘前段浅弧形，后段较平直，腹缘弧形，整体侧面呈刀状。头短，侧偏。吻短，圆突。眼较大，近于吻端。眼间隔凸圆。鼻孔紧位于眼的前方。口下位，口裂大；上颌骨后伸达或超过胸鳍基，上颌骨下缘有6条游离鳍条。辅上颌骨2块，上、下颌齿各1行。犁骨、腭骨均有绒毛状齿带。假鳃发达。左、右鳃盖膜相连，与峡部分离。鳃盖条9～10。体被大而薄的圆鳞，头部无鳞，腹缘棱鳞发达，腹鳍前有棱鳞16～17个，后有25～30个。无侧线。背鳍起点稍后或相对于腹鳍起点，距吻端较距尾鳍基近；臀鳍基长，后端与尾鳍基相连；胸鳍侧下位，上缘有6根游离鳍条，延长为丝状，向后延伸超过臀鳍起点；尾鳍上叶尖长，下叶短小。

体银白色，背部淡绿色，鳃孔后部及各鳍基部为金黄色，唇及鳃盖膜为橘红色。

地理分布 我国自辽宁至广西的沿海及与海相通的河流、湖泊等均有分布。

生态习性 河口性鱼类，经河口上溯进入淡水河流。平时生活于沿岸浅水区或近海，多分散活动不集群，在繁殖期聚群游向河口咸淡水区域产卵。在渤海地区，6～9月为繁殖期，于河口处产漂浮性卵。主要以浮游动物为食，喜食甲壳类，包括桡足类、十足类、糠虾类、端足类等。

经济意义 味道鲜美，数量较多，具有一定的经济价值。

资源现状 濒危物种。自1958—1960年在入淀河系上游建库拦洪后，该物种在此后的白洋淀流域资源调查中就消失了。

（2）刀鲚*Coilia nasus* Temminck & Schlegel 1846

分类地位　鲱形目Clupeiformes、鳀科Engraulidae、鲚亚科Coilinae
地 方 名　刀鱼、河刀鱼、凤尾鱼
英 文 名　Japanese grenadier anchovy
同物异名　*Coilia ectenes* Jordan & Seale

形态特征　背鳍 I-12～13；臀鳍97～115；胸鳍6+11；腹鳍 I-7。纵列鳞74～81。

体延长，侧扁，向尾端渐细尖，呈刀状。背缘前段浅弧形，后段较平直，腹缘弧形。头短小，侧扁而尖，吻钝圆，突出。眼小，近于吻端。眼间距圆突。鼻孔距眼前缘较距吻端为近。口下位，口裂大；上颌骨后伸达胸鳍基部，上颌骨下缘有6条游离鳍条。上颌、下颌、犁骨、腭骨均有齿。鳃孔宽大，左、右鳃盖膜相连，不连于峡部。鳃盖条10个。体被圆鳞，腹缘具锯齿状棱鳞，腹鳍前有棱鳞18～22个，后有27～34个。无侧线。背鳍起点稍后于腹鳍起点；臀鳍基长，后端与尾鳍基相连；胸鳍侧下位，上缘有6根游离鳍条，延长为丝状，向后延伸超过臀鳍起点的1/4～1/2处。尾鳍上叶尖长，下叶短小。

体银白色，背部呈青色、金黄色或青黄色，腹部色较浅，尾鳍灰色。

地理分布　我国自辽宁至广西的沿海及与海相通的河流、湖泊均有分布。

生态习性　河口洄游性鱼类。3龄达性成熟，在渤海地区6～9月为繁殖期，从海里上溯到江河产卵，于河口处产漂浮性卵。产卵后，返回海里。幼苗主要以浮游动物为食，如枝角类、桡足类。成鱼以小型动物为食，如糠虾、毛虾、小鱼等。

经济意义　数量较多，具有一定的经济价值。

资源现状　该物种仅在夏武平（1949）的白洋淀鱼类调查中有记录，此后在白洋淀流域鱼类资源调查中再未采集到。

2.5.12 鲻科Mugilidae

鲻*Planiliza haematocheilus*（Temminck & Schlegel 1845）

分类地位　鲻形目Mugiliformes、鲻科Mugilidae

地 方 名　红眼鱼、肉棍子、梭鱼、乌鲻、赤眼鲮、龟鲮

英 文 名　so-iuy mullet

同物异名　*Mugil so-iuy* Basilewsky，*Mugil haematocheilus* Temminck & Schlegel，*Liza haematocheila*（Temminck & Schlegel）

形态特征　背鳍Ⅳ，Ⅰ-8～10；臀鳍Ⅲ-8～10；胸鳍Ⅰ-6～19；腹鳍Ⅰ-5。纵列鳞38～44。

体细长，前部圆筒状，后部侧扁。头短小而纵宽，背面扁平，吻宽而短。口小，亚下位，口裂略呈“八”字形，上颌中央有一缺刻，可与下颌中央凸起相吻合。上颌稍长于下颌。上颌齿细弱，下颌无齿。眼较小，侧上位，脂眼睑不发达，仅覆盖眼边缘；眼间距宽平；眶前骨末端在近口角处稍下弯，边缘有锯齿。前鳃盖骨和鳃盖骨边缘平滑。鳃孔大，鳃盖膜分离，不与峡部相连。假鳃发达。体被大栉鳞，头部为圆鳞，除第一背鳍外，各鳍均有小圆鳞，第一背鳍基部两侧、胸鳍腋部、腹鳍基底上部和两腹鳍中间各有一长三角形腋鳞。无侧线。背鳍2个，分离。第一背鳍位于体背中间稍靠前；第二背鳍位于第一背鳍末基与尾鳍基之间中央稍靠后，前缘有一棘，后缘微凹。胸鳍较宽长，侧中位，鳍条向下渐短。腹鳍较小，位于胸鳍起点与第一背鳍起点之间近中央下方，左、右两鳍靠近。臀鳍起点与第二背鳍起点稍前下方，两鳍近同形。尾鳍浅叉形。

体背灰青色，体侧淡黄色或淡灰色，腹部银白色。体侧上方具几条黑色纵纹和许多斜横纹。眼呈红色。尾鳍、胸鳍淡黄色。其他各鳍均浅灰色。

地理分布 我国的黄渤海数量最多，其次是东海、南海。

生态习性 为近暖水性海产鱼类，喜栖息于江河口，亦进入淡水内，性活泼，善跳跃，有逆流习性。底层刮食，幼鱼以浮游动物为食，成鱼以小型底栖生物、线虫、多毛类、甲壳类、浮游动物、浮游植物、有机颗粒和碎屑为食。繁殖季节在5～6月，进入河口区产卵，产浮性卵。雌鱼一般3龄性成熟，雄鱼2龄性成熟。

经济意义 重要的食用鱼类，经济价值高。

资源现状 白洋淀过去曾有记载，但数量少，是从海里溯河洄游经通海河进入白洋淀的个体（郑葆珊等，1960）。自1958—1960年在入淀河系上游建库拦洪后，该物种在此后的白洋淀流域资源调查中就消失了。

2.5.13 鱵科Hemiramphidae

细鳞下鱵*Hyporhamphus sajori*（Temminck & Schlegel 1846）

分类地位 颌针鱼目Beloniformes、鱵科Hemiramphidae
地 方 名 针鱼
英 文 名 Japanese halfbeak
同物异名 *Hemiramphus sajori* Temminck & Schlegel

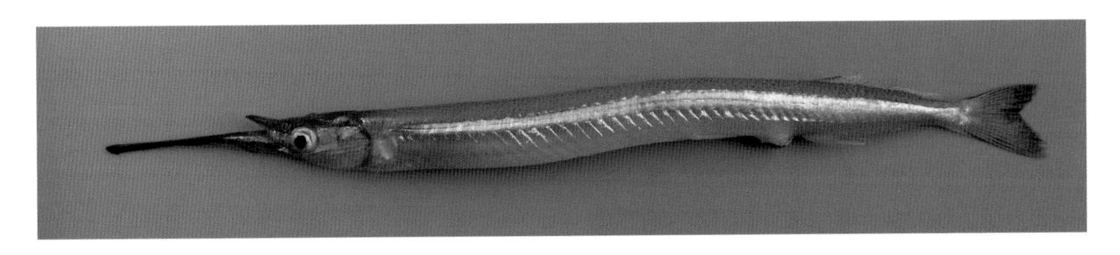

形态特征 背鳍 ⅱ-13～14；臀鳍 ⅱ-15～16；胸鳍 ⅰ-12；腹鳍 ⅰ-5。侧线鳞111～112。鳃耙25～33。

体细长，略呈圆柱形，背、腹缘微凸，尾部渐细。头长，前端尖，顶部及两侧平坦，腹面较狭。眼较大，眼间距宽而平坦。鼻孔大，每侧1个，位于眼的前上方，具一扇形嗅瓣。口中等大，上颌尖锐，呈三角形片状，中央有一细微线状隆起，其长大于宽。下颌延长呈一扁平针状喙。上、下颌牙细小，有3牙尖，在两颌排列成一狭带。鳃孔宽，鳃盖膜分离，不与颊部相连。圆鳞薄而易脱落，体、头顶、鳃盖及鳃峡均被鳞。侧线低，位于体两侧近腹缘。臀鳍基短于背鳍基；胸鳍短宽；腹鳍小，腹位；尾鳍分叉，下叶长于上叶。

体银白色，背面暗绿色。体背中央自头后起有一淡黑色线条。体侧各有一银灰纵带，头部及上下颌皆呈黑色。侧线上鳞片后缘呈淡黑色，下方白色。胸鳍的基部及尾鳍有细微的黑色点。

地理分布 分布于我国黄渤海以及东海等。

生态习性 小型鱼类。为西北太平洋暖温浅海近岸鱼类，亦进入河流和湖泊内。喜在沿岸海藻中生活，为上层鱼类，游泳敏捷，常跃出水面逃避敌害。杂食性，以轮虫、枝角类、桡足类、水生昆虫以及藻类为食。1龄达性成熟，繁殖期为5～8月，有时进入河口或淡水中产卵，产黏性卵，卵膜有弹性的丝，用以缠绕在海藻上。

经济意义 个体小，具一定的食用价值。

资源现状 白洋淀过去曾有记载，但数量少，是从海里溯河洄游经通海河进入白洋淀的个体（郑葆珊等，1960）。自1958—1960年在入淀河系上游建库拦洪后，该物种在此后的白洋淀流域资源调查中就消失了。

2.5.14 青鳉科Adrianichthyidae

中华青鳉*Oryzias sinensis* Chen，Uwa & Chu 1989

分类地位 颌针鱼目Beloniformes、青鳉科Adrianichthyidae

地 方 名 阔尾鳉鱼、大眼贼鱼、双眼鱼、双鱼、大头鱼

英 文 名 rice fish

同物异名 *Oryzias latipes sinensis* Chen，Uwa & Chu

资料来源：罗昊。

形态特征 背鳍6；臀鳍18～20；胸鳍9～14；腹鳍6。纵列鳞28～33。

体侧扁，背部平直。头稍短，略平扁，被圆鳞。吻钝、短，浅弧形。眼大，侧上位，眼间隔宽。鼻孔每侧2个，分别位于口角和眼前缘。口上位，横列，下颌较上颌略长。上、下颌具小尖齿。鳃膜相连，游离。第二至第四咽鳃骨有齿。体被圆鳞，自眼部向后头体均有鳞。无侧线。背鳍、腹鳍均小，背鳍位于体后部，几与臀鳍相对；鳍背缘斜凸弧状（雌鱼）；腹鳍腹位，起点距臀鳍前缘较距胸鳍基略近，伸达肛门；臀鳍长，起点距尾鳍基与距眼后缘约等长；尾鳍近截形，中间微凹。

体呈银灰色，体背青灰色，腹侧银白色。沿背中线及侧中线常各有一黑色纵纹，从鳃盖后缘延伸至尾柄中部。各鳍淡黄色。

地理分布 我国东部自辽河下游至海南岛以及云南均有分布。

生态习性 小型鱼类，最大体长约为40mm。喜在水草多、水不深的缓静淡水表层成群游动。极灵敏，受惊后立即潜入水中。以浮游生物为主要食物，如枝角类、桡足类、蓝藻、硅藻、绿藻，也吞食鱼卵、鱼苗、摇蚊幼虫及孑孓等。1龄性成熟，在5～8月繁殖，卵膜借助丝状物缠绕在卵巢膜上。

经济意义 体形很小，无经济价值。

资源现状 在白洋淀流域中，种群数量较少，为稀有种。

2.5.15 合鳃鱼科Synbranchidae

黄鳝*Monopterus albus*（Zuiew 1793）

分类地位 合鳃鱼目Synbranchiformes、合鳃鱼科Synbranchidae

地 方 名 蛇鱼、血鳝、常鱼

英 文 名 Asian swamp eel

同物异名 *Muraena alba* Zuiew

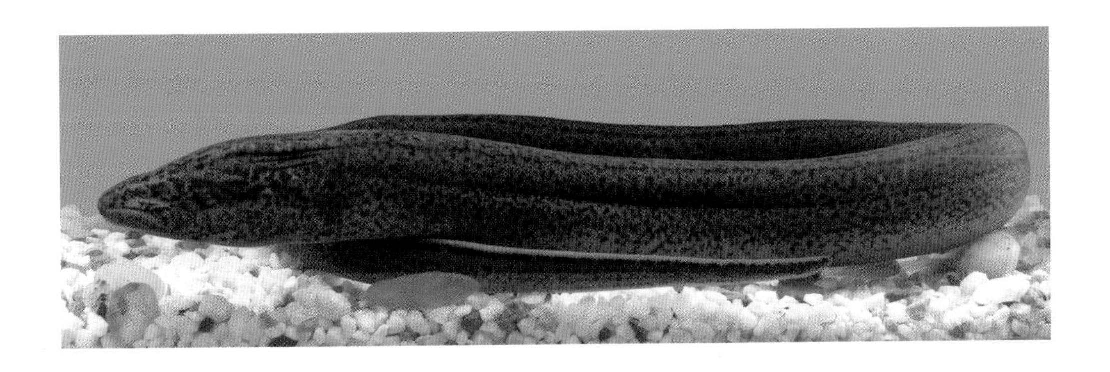

形态特征 体细长呈蛇形，体前圆，后部侧扁，尾尖细，头长而圆。口大，端位，上颌稍突出，唇颇发达。上、下颌及腭骨均有绒毛状细齿。眼小，侧上位，为薄皮所覆盖。前、后鼻孔距离较远，前鼻孔位于近吻端，后鼻孔在眼前内侧，距眼较距前鼻孔为近。左、右鳃孔于腹面合而为一，呈“V”字形。鳃膜连于鳃峡。体表一般光滑无鳞。侧线完全。无胸鳍和腹鳍；背鳍和臀鳍退化仅留皮褶，与尾鳍相联合。

体呈黄褐、微黄或橙黄色，体侧有深灰色斑点，也有少许个体是白色，腹部灰白色。

地理分布 我国除青藏高原及西北地区外，其他河流、湖泊、水库均有分布。

生态习性 中等体形。底栖生活，主要栖息于江河、湖泊、池塘、稻田等流水或缓流水中，一般白天喜居于洞穴或岸边缝隙中，夜间出来觅食。鳃不发达，可借助于口咽腔的黏膜行辅助呼吸，故而离开水可以长时间存活。肉食性鱼类，食物主要为水生昆虫及其幼虫、蚯蚓、小鱼、小虾以及蛙类及其幼体。生殖器官较为特殊，左侧生殖腺发达，右侧退化，有性逆转现象。性早熟，1冬龄可达性成熟，产卵后，卵巢萎缩，精巢发育，此后一直保持雄性。繁殖季节在6～8月，产浮性卵，产卵时，亲鱼吐泡沫在其穴居洞口聚集成鱼巢，卵产在巢内。

经济意义 肉质细嫩，味道鲜美，是重要的经济养殖鱼类。

资源现状 白洋淀流域内主要分布于白洋淀，种群数量不多，为较常见种。

2.5.16 刺鳅科Mastacembelidae

中华刺鳅*Sinobdella sinensis*（Bleeker 1870）

分类地位　合鳃鱼目Synbranchiformes、刺鳅科Mastacembelidae

地 方 名　刺泥鳅

英 文 名　spiny eel

同物异名　*Mastacembelus sinensis*（Bleeker）

形态特征　背鳍XXⅧ～XXXⅣ，63～66；臀鳍Ⅲ，59～61；胸鳍23。

体细长，近鳗形，前端稍侧扁，肛门以后侧扁。头长而尖，略侧扁。吻稍长，突出，具游离皮褶，其长小于眼后头长。口端位，口裂较大，向后延至眼前缘的下方。上、下颌具绒毛状齿带。鼻孔前后分离，前鼻孔位于吻突的两侧，呈管状，后鼻孔靠近眼前缘。眼小，侧上位，眼间距窄，眼前缘下方具一尖端向后的小刺。鳃孔低斜，鳃盖膜不与峡部相连。体鳞细小。侧线不明显。背鳍前具1排各自独立的、可倒伏于沟槽中的游离小棘，鳍条部约与臀鳍鳍条部相对；胸鳍小而圆；无腹鳍；臀鳍和背鳍鳍条部分别与尾鳍相连，尾鳍略尖。

体呈灰褐色或黄绿色。体侧有许多淡色垂直线纹；腹侧有许多淡色斑点；背侧上部呈淡色虫状。背鳍有网状纹；臀鳍呈暗色而有淡色边缘。

地理分布　我国东部自辽河中下游至珠江流域均有分布。

生态习性　小型鱼类。多栖息于江河、池塘等缓流或浅水带底层，喜在岸边石隙或水草丛间活动，常钻穴于底泥。肉食性鱼类，主要摄食小虾、摇蚊幼虫以及少量水生昆虫幼虫等。1龄可达性成熟。繁殖季节在6～7月，产黏性卵。

经济意义　无经济价值。

资源现状　白洋淀过去曾有记载，可能是经通淀河流进入的个体（郑葆珊等，1960）。在白洋淀流域鱼类资源调查中，拒马河种群数量最多，为常见种。

2.5.17 丝足鲈科Osphronemidae

圆尾斗鱼*Macropodus ocellatus* Cantor 1842

分类地位　鲈形目Perciformes、攀鲈亚目Anabantoidei、丝足鲈科Osphronemidae

地 方 名　布鱼、斗鱼、太平鱼

英 文 名　round tail paradise fish

同物异名　*Macropodus chinensis*（Bloch）

形态特征　背鳍 XⅣ～XⅧ-6～8；臀鳍 XⅧ～XX-9～12；胸鳍10～11；腹鳍 I-5。纵列鳞24～29。

体侧扁，呈长椭圆形，尾柄短。口上位，口裂小，上、下颌具细齿。眼大，侧上位。前鳃盖骨和下鳃盖骨下缘具锯齿。眼间、头顶被圆鳞，体侧皆被栉鳞，背鳍及臀鳍基部有鳞鞘。侧线退化。背鳍1个，背鳍基甚长，鳍棘与鳍条相连，最后数根鳍条延长；胸鳍圆形，较短小；腹鳍胸位，外侧第一鳍条延长成丝状；臀鳍与背鳍同形；尾鳍圆形。

体黄色、暗褐色或暗灰色，有不明显黑色横带数条。鳃盖骨后缘具一蓝色眼状斑块，圆斑后缘橘黄色。在眼后下方与鳃盖间有2条暗色斜带，有时不明显。体侧各鳞片后部有黑色边缘。雄鱼比雌鱼体色鲜艳，尾鳍外缘为红色，鳍膜上散布着数个黄色斑点；背鳍和臀鳍后部鳍条更为延长。

地理分布　我国东部地区水域均有分布。

生态习性　小型鱼类。喜栖息于水草繁茂的水域。具鳃上器，离水后存活时间长。杂食性，以枝角类、桡足类、轮虫、水生昆虫及其幼虫为食，也食鱼卵。性成熟时间早，1冬龄即可性成熟。繁殖期内，雄鱼体色艳丽，雄鱼在水草丛间吐泡沫筑巢，会为争夺配偶和领地而发生争斗，故被称为“斗鱼”。雌鱼腹部向上产出浮性卵于泡沫巢内，雄鱼负责完成护巢孵化任务。

经济意义　食用价值不大，常作为观赏鱼，或用于实验鱼。

资源现状　在洋淀流域内数量不多，为较常见种。

2.5.18 鳢科Channidae

乌鳢*Channa argus*（Cantor 1842）

分类地位　鲈形目Perciformes、攀鲈亚目Anabantoide、鳢科Channidae
地 方 名　生鱼、雷鱼、黑鱼、乌鱼、乌棒、蛇头、乌鳢、火头、文鱼、才鱼
英 文 名　snakehead
同物异名　*Ophicephalus argus* Cantor，*Ophicephalus pekinensis* Basilewsky

形态特征　背鳍49～52；臀鳍33～36；胸鳍17～18；腹鳍6。侧线鳞63～66。

体长而圆。头窄长，前部平扁，后部稍隆起，呈蛇头形，尾部侧扁。吻短、钝。口裂大，下颌稍突出，上颌、下颌、犁骨和颚骨具尖锐细齿。眼略小，侧上位，眼间距宽平。体被圆鳞。侧线完全，自鳃孔后沿体侧平行延至肛门上方垂直线的位置后中断，向下1～2枚鳞片后，再沿体侧平行延伸至尾鳍基部。具鳃上器。背鳍基颇长，几乎与尾鳍相连，后方近尾鳍基部，无鳍棘；腹鳍短小，末端不达肛门；胸鳍圆形；肛门紧位于臀鳍前方；臀鳍短于背鳍；尾鳍圆形。

体色呈灰黑色，体背和头顶色较暗黑，腹部淡白。体侧有排列规则的黑色斑块。头侧各有2行纵行的黑色斑纹。奇鳍具黑白相间的斑点，偶鳍为灰黄色，其间布满不规则斑点。

地理分布　我国东部各水域均有分布。

生态习性　中小型鱼类。为底层鱼类，多栖息于河流、湖泊、水库等静水或缓流水体，尤喜潜伏于水草茂盛的水域。鳃上器发达，有辅助呼吸的作用，离水可以存活较长时间。凶猛肉食性鱼类，幼鱼主要以枝角类、桡足类、轮虫、水生昆虫、小鱼、小虾等为食物；成鱼主要捕食鱼类、虾类等，有时也摄食蛙类，常采用突击的方式捕食猎物。繁殖期在5～7月，亲鱼筑巢，雌鱼将卵产入巢内，有护巢、护幼的习性。

经济意义　生长速度快，食用经济价值很大，但对养鱼业有很大危害。

资源现状　在白洋淀流域中为常见类群。

2.5.19 沙塘鳢科Odontobutidae

小黄黝鱼*Micropercops swinhonis*（Günther 1873）

分类地位 鲈形目Perciformes、鰕虎鱼亚目Gobioidei、沙塘鳢科Odontobutidae

地 方 名 黑山根、黄黝鱼、斑黄黝、史氏黄黝鱼

同物异名 *Eleotris swinhonis* Günther，*Hypseleotris swinhonis*（Günther）

形态特征 背鳍Ⅶ～Ⅸ，Ⅰ-10～12；臀鳍Ⅰ-8～9；胸鳍14～15；腹鳍Ⅰ-5。纵列鳞28～32。

体延长，颇侧扁，背缘浅弧形略隆起，腹缘稍平直。尾柄颇长，其长小于体高。头中等大。吻尖而突出，颇长，吻长小于或大于眼径。颊部不凸出。口斜裂，端位，下颌长于上颌。唇略厚，发达。眼大，背侧位，眼下缘无放射状感觉乳突线，眼上缘突出于头部的背缘，眼间隔狭窄，略内凹，其宽小于眼径。体被中大弱栉鳞，头部、鳃盖骨被圆鳞，胸部和胸鳍基部被小圆鳞；无侧线。背鳍2个，分离，第一背鳍高，起点位于胸鳍基部后上方，鳍棘柔弱；第二背鳍比第一背鳍高，与肛门相对，平放时不达尾鳍基部；左、右腹鳍分离，不愈合成吸盘，长形；胸鳍长圆形，下侧位，后缘几乎伸达肛门上方；臀鳍与第二背鳍相对，后部鳍条较长，平放时不伸达尾鳍基部；尾鳍长圆形，短于头长。

体浅黄色或棕黑色。体侧有12～16个深褐色横斑，背部色深，腹部白色，眼前下方至口角上方具一暗纹。胸鳍、背鳍、臀鳍均呈灰白色，胸鳍基部的前上方有一黑色斜纹；尾鳍无黑色弧形条纹；背鳍灰黑色，第一背鳍的第二至第六鳍棘的鳍膜呈黑色，形成一较长的黑纹，第二背鳍具2行由黑点排列成的纵纹。

地理分布 分布广泛，我国东部自黑龙江流域至海南岛以及西南各河流、湖泊等水域均有分布。目前该物种引种至我国青藏高原、新疆等内陆水域。

生态习性 底栖小型鱼类，一般体长30～60mm，常栖息在江河、小溪、水库、湖泊的底层。杂食性鱼类，以浮游动物、水生昆虫、摇蚊幼虫、藻类等为食。繁殖季节在5～6月，1龄性成熟。

经济意义 种群数量多，但无食用价值。

资源现状 在白洋淀流域中，为常见种。

2.5.20 鰕虎鱼科Gobiidae

（1）波氏吻鰕虎鱼*Rhinogobius cliffordpopei*（Nichols 1925）

分类地位 鲈形目Perciformes、鰕虎鱼亚目Gobioidei、鰕虎鱼科Gobiidae

地 方 名 爬石猴、珠鰕虎鱼、波氏栉鰕虎鱼

英 文 名 Amur goby

同物异名 *Gobius cliffordpopei* Nichols，*Ctenogobius cliffordpopei*（Nichols）

形态特征 背鳍Ⅵ，Ⅰ-8；臀鳍Ⅰ-8；胸鳍16～17；腹鳍Ⅰ-5。纵列鳞28～29。

体稍粗壮，延长，前部近圆筒形，后部稍侧扁。背缘浅弧形，略隆起，腹缘稍平直。头大，宽扁。口斜裂，端位，上、下颌约等长。齿尖锐，无犬齿。犁骨、腭骨及舌无齿。舌游离，前端圆形。唇略厚，发达。前鼻孔位于吻部前方1/3处，接近上唇；后鼻孔位于眼前方。鳃盖膜与峡部相连。鳃盖条5根。具假鳃。体被中大弱栉鳞，吻部、颊部、鳃盖部无鳞，项部在背鳍中央前方无小鳞。腹部、胸部和胸鳍基部均无鳞，腹部具小圆鳞；无侧线。背鳍2个，分离，第一背鳍高，起点位于胸鳍基部后上方；第二背鳍与肛门相对；腹鳍与胸鳍约等长，左、右腹鳍愈合成一吸盘，长圆形，边缘深凹，雄鱼腹鳍末端可伸达肛门，雌鱼腹鳍后缘不能伸达肛门；胸鳍宽大，长圆形，下侧位，后缘不伸达肛门上方；臀鳍与第二背鳍相对，不伸达尾鳍基部；尾鳍长圆形。

体呈黄褐色，腹部浅白色。鳃盖下部黄色。体侧有6～7个深褐色横带或横斑。第一背鳍的第一鳍棘与第二鳍棘间的鳍膜上具1个蓝黑色斑点，雌鱼有时不明显。各鳍条黄绿色，基部有2行浅褐红小斑。

地理分布 我国辽河、黄河、长江、钱塘江、珠江等水系均有分布。

生态习性 小型底栖鱼类，体长一般在20～30mm。常栖息在砂石底的溪流中，亦在江河、湖泊的浅水区生活，也经常在水的中、上层逆水洄游。杂食性，摄食桡足类、枝角类、鱼卵等。繁殖期在6～7月，一般体长30mm已达性成熟，产卵场底质多为砂砾。

经济意义 个体小，数量多，作为野杂鱼，无食用价值，可作为观赏鱼类。

资源现状 在白洋淀流域中，为常见种。

（2）林氏吻鰕虎鱼*Rhinogobius lindbergi* Berg 1933

分类地位　鲈形目Perciformes、鰕虎鱼亚目Gobioidei、鰕虎鱼科Gobiidae
地 方 名　爬石猴、珠鰕虎鱼、真吻鰕虎鱼
英 文 名　Amur goby
同物异名　*Acentrogobius giurinus*（Rutter），*Ctenogobius cliffordpopei*（Nichols）

形态特征　背鳍Ⅵ，Ⅰ-8；臀鳍Ⅰ-8；胸鳍20～21；腹鳍Ⅰ-5。纵列鳞30～32。

体延长，前部近圆筒形，后部侧扁。头中等大，前部平扁。吻尖突。口中大，端位，两颌约等长。舌游离，前端圆形。齿细尖，排列稀疏。唇略厚。前鼻孔接近吻端，具一短管；后鼻孔位于眼下方。眼中大，眼上缘突出于头部背缘，眼下方无放射状感觉乳突线。颊部肌肉凸出，具3条纵行感觉乳突线。鳃孔大，向头部腹面延伸，止于鳃盖骨后缘下方稍后处。鳃耙细而短小。体被栉鳞，头的吻部、颊部、鳃盖部无鳞，项部、腹部、胸部和胸鳍基部均无鳞，无背鳍前鳞，无侧线。背鳍2个，分离，第一背鳍起点位于胸鳍基部后上方，鳍棘柔弱；第二背鳍与肛门相对。腹鳍与胸鳍约等长，左、右腹鳍愈合成一吸盘，边缘深凹；胸鳍宽大，长圆形；臀鳍起于第二背鳍第一鳍条和第二鳍条之间的下方，不伸达尾鳍基部；尾鳍尖圆形。

体呈浅棕色，项背部具多条云状纹；体侧有8～9个宽而不规则的黑色横斑。背面及体侧的鳞片有暗色边缘。在眼的前下方隐有3条褐色斜纹，颊部无条纹。鳍均呈浅灰色，胸鳍基底上端有1个浅黑色斑点，沿着胸鳍基部有1条灰色弧形横纹；尾鳍有3条弧形条纹；第一背鳍各鳍棘间的鳍膜灰色，第一鳍棘和第二鳍棘间的鳍膜为蓝色斑纹；第二背鳍具2行由点列组成的浅色纵纹。鳃盖条及胸腹部黄色，雄鱼尤显，臀鳍基部、尾鳍下部为亮黄色。

地理分布 我国自海河以北至黑龙江等水系的支流和湖泊中均有分布。

生态习性 小型鱼类。为底层鱼类，喜栖息于缓流的水域中，领域性强。喜食水生昆虫、桡足类和枝角类。在6月产卵，卵产在砂砾上，雄鱼有护卵行为。

经济意义 个体小，数量多，常作为野杂鱼，食用价值小，可作为观赏鱼类。

资源现状 在白洋淀流域中，为常见种。

（3）子陵吻鰕虎鱼*Rhinogobius similis* Gill 1859

分类地位　鲈形目Perciformes、鰕虎鱼亚目Gobioidei、鰕虎鱼科Gobiidae

地 方 名　爬石猴、珠鰕虎鱼、普栉鰕虎鱼、吻鰕虎鱼、栉鰕虎鱼

英 文 名　Amur goby

同物异名　*Gobius similis*（Gill），*Aboma tsinanensis* Fowler，*Acentrogobius giurinus*（Rutter），*Rhinogobius giurinus*（Rutter），*Gobius giurinus*（Rutter）

形态特征　背鳍Ⅵ，Ⅰ-8～9；臀鳍 Ⅰ-8～9；胸鳍20～21；腹鳍 Ⅰ-5。纵列鳞27～30。

体延长，前部近圆筒形，后部稍侧扁。头宽大，前部宽而扁平。吻圆钝，颇长，吻长大于眼径。口端位，下颌稍长于上颌。舌游离，前端截形。齿细尖，上、下颌前部各约有5行，后部仅有2行，排列稀疏，下颌两侧后部各有1个向后弯曲的犬齿；唇略厚。前鼻孔接近吻端，后鼻孔位于眼下方。颊部具2条纵行感觉乳突线；鳃孔侧位，中大，

向头部腹面延伸，止于鳃盖骨后缘下方稍后处；鳃耙细而短小。体被中大栉鳞，头的吻部、颊部、鳃盖部无鳞，腹部、胸部和胸鳍基部均无鳞，腹部具小圆鳞；无侧线。背鳍2个，分离，第一背鳍起点位于胸鳍基部后上方；第二背鳍与肛门相对，平放时不达尾鳍基部。腹鳍与胸鳍约等长，左、右腹鳍愈合成一吸盘，雄鱼腹鳍末端可伸达肛门，雌鱼腹鳍后缘不能伸达肛门；胸鳍宽大，长圆形，后缘不伸达肛门上方；臀鳍起于第二背鳍第三鳍条的下方，平放时不伸达尾鳍基部；尾鳍尖圆形。

体呈黄褐色。体侧有6~7个宽而不规则的黑色横斑，有时不明显；背面及体侧的鳞片有暗色边缘。头部在眼前方有5条黑褐色蠕虫状条纹，颊部及鳃盖有5条斜向前下方的暗色条纹。鳍均呈暗黄色，胸鳍基底上端有1个黑斑点；尾鳍基部有1个暗色圆斑；繁殖期，雄性背鳍和尾鳍有1条亮黄色纵带；尾鳍具多条暗色点纹，繁殖期斑点为红色。

地理分布 我国除西北地区以外，东部各江河水系均有分布。

生态习性 小型底栖鱼类。喜栖息于池塘、溪流的清澈水中。领域性强，喜食水生昆虫、底栖动物、小鱼以及鱼卵。有溯水习性，将卵产在沙穴中。繁殖期在4~6月，6月为盛期，1龄达性成熟。

经济意义 个体小，数量多，作为野杂鱼，食用价值小，可作为观赏鱼类。

资源现状 在白洋淀流域中，为最常见种。

（4）福岛鰕虎鱼*Rhinogobius fukushimai* Mori 1933

分类地位　鲈形目Perciformes、鰕虎鱼亚目Gobioidei、鰕虎鱼科Gobiidae

地 方 名　爬石猴、珠鰕虎鱼、夏宫鰕虎鱼

英 文 名　Amur goby

同物异名　*Ctenogobius fukushimai*（Mori），*Ctenogobius cliffordpopei*（Nichols），*Rhinogobius aestvaregia* Mori，*Gobius aestvaregia* Mori

形态特征　背鳍Ⅵ，Ⅰ-8；臀鳍Ⅰ-7～8；胸鳍19～20；腹鳍Ⅰ-5。纵列鳞30～31。

体延长，前部近圆筒形，后部稍侧扁。头中大，圆钝，前部宽而平扁。吻短钝，吻长大于眼径。口中大，端位，下颌等于上颌。舌游离，前端浅弧形。齿细尖，无犬齿，犁骨、腭骨以及舌上均无齿。前鼻孔位于吻的前部，具一短管，后鼻孔紧位于眼前方。颊部宽，鳃盖膜与峡部相连。鳃盖条5根。具假鳃。体被中大栉鳞，吻部、颊部、鳃盖部无鳞，背鳍中央前方一般无背鳍前鳞，或具4枚小鳞，项部被鳞，腹部、胸部和胸鳍基部均无鳞。无侧线。背鳍2个，分离，第一背鳍起点位于胸鳍基部后上方；腹鳍略短于胸鳍，左、右腹鳍愈合成一吸盘；胸鳍宽大，后缘不伸达肛门上方；臀鳍起于第二背鳍第一鳍条的下方，平放时不伸达尾鳍基部；尾鳍长圆形。

体呈浅棕色，项背部有云纹状黑色条纹，体侧有6～7个不规则的深色横斑，最后的斑块位于尾鳍基。眼前下方有3条灰黑色斜线：第一条自眼前下方近后鼻孔处伸向吻端；第二、第三条自眼前下方斜向上颌边缘。胸鳍基上端有1个黑斑点，沿基部有1条灰黑色弧形条纹。背鳍、尾鳍有3～4条灰褐色弧形条纹。

地理分布　我国大凌河、滦河、海河以及长江水系均有分布。

生态习性　小型底栖鱼类，喜栖息于清澈的湖、潭中。喜食水生昆虫、底栖性小鱼以及鱼卵。有溯水习性，将卵产在沙穴中。繁殖期在4～6月，1龄达性成熟。

经济意义　个体小，数量少，食用价值小，可作为观赏鱼类。

资源现状　在白洋淀流域中，种群数量不多，为不常见种。

2.5.21 鮨科Serranidae

鳜*Siniperca chuatsi*（Basilewsky 1855）

分类地位 鲈形目Perciformes、鲈亚目Percoidei、鮨科Serranidae

地 方 名 桂鱼、花鲫

英 文 名 mandarin fish

同物异名 *Perca chuatsi* Basilewsky

形态特征 背鳍Ⅺ～Ⅻ-14～15；臀鳍Ⅲ-9～10；胸鳍14～16；腹鳍Ⅰ-5。侧线鳞105。

体侧扁，头后及前背部隆起。口大，口裂斜，下颌明显长于上颌，上颌后端伸达眼后缘。上颌、下颌、犁骨、鳃盖骨具大小不等的牙。前鳃盖骨后缘呈锯齿状，下缘有4个大棘；后鳃盖骨后缘有2个大棘。体被细鳞。侧线完全，沿背弧向上弯曲，之后和缓下弯，至背鳍鳍条后端相对位置，延伸至尾鳍基。背鳍2个，第一背鳍为鳍棘，与第二背鳍相连；胸鳍侧中位，圆形；腹鳍胸位；臀鳍起点位于第一背鳍最后一个鳍棘的下方；尾鳍后缘圆形。

体呈黄绿色或青灰色，腹侧色淡。体侧有不规则的暗色斑块，由吻向后经过眼斜伸至背鳍基底有1条暗色带纹。背鳍、尾鳍和臀鳍均有暗棕色条带，各奇鳍均有大小不等的黑色斑点；偶鳍无斑点。

地理分布 分布广泛，我国东部水系北自黑龙江水系南至长江流域均有分布。

生态习性 中大型鱼类。多栖息于水质清澈的河流、水库等静水或缓流水体中，喜潜伏水底，尤喜水草繁茂的水域。有侧卧水底下陷处"卧穴"的习性。凶猛肉食性鱼类，主要摄食鱼、虾。2～4龄性成熟，产浮性卵。

经济意义 经济价值高，是淡水鱼中的名优品种。

资源现状 近年来，白洋淀流域偶有采集到少量个体，应为养殖逃逸。

2.5.22 慈鲷科Cichlidae

尼罗罗非鱼*Oreochromis niloticus*（Linnaeus 1758）

分类地位　慈鲷目Cichliformes、慈鲷科Cichlidae

地 方 名　尼罗罗非鱼、非洲鲫鱼、蓝罗非鱼、蓝非鲫

英 文 名　Nile tilapia

同物异名　*Perca nilotica* Linnaeus，*Chromis niloticus*（Linnaeus）

形态特征　背鳍XⅥ~XⅦ-12~13；臀鳍Ⅲ-9~10；胸鳍13~14；腹鳍Ⅰ-5。上侧线鳞19~24；下侧线鳞14~22。

体稍延长，侧扁，背部隆起，腹部圆。头中大，侧扁，短而高。吻钝，凸出。口较小，端位，斜裂，后不达眼前缘。上颌骨稍能伸缩，下颌骨略长于上颌。上、下颌各具3排细弱小齿，外排齿体尖细整齐而密集，内2行稀疏不规则，齿均可活动。咽上骨左右各1块，呈密接状。唇较发达，略厚。舌较发达，前端尖钝，稍游离。眼中大，上侧位，位于头的中部偏前。鼻孔左右各1个，位于眼前方，无鼻瓣。鳃孔宽大，左、右鳃盖膜愈合，不与峡部相连。鳃盖条5条。无假鳃。体被圆鳞。背鳍长，起于鳃盖后缘的垂直上方，后端与臀鳍末端相对；臀鳍起点约在背鳍最末鳍棘基下方；臀鳍与背鳍的末端上下相对，均超过尾鳍基；胸鳍较大，末端可达臀鳍起点；腹鳍腹位；雄鱼尾鳍后缘略圆，雌鱼和幼鱼尾鳍后缘呈截形。

体呈黄褐色或浅黑色，背部至腹部颜色逐渐变淡，喉、胸部白色。成鱼雄性体侧有7～10条黑色垂直斑纹。背鳍、臀鳍具有灰色小斑而形成垂直条纹。背鳍边缘黑色。尾鳍边缘红色。

地理分布 原产于非洲的尼罗河，1978年7月引入我国进行养殖。

生态习性 大型鱼类，一般生活于水底层。广盐性鱼类，能在淡水中生长繁殖，亦能在海水中存活。杂食性，稚鱼以浮游动物为食；成鱼主要以浮游生物和有机碎屑为食。性成熟年龄早，一般孵出的仔鱼经5～6个月可达性成熟。分批产卵，产沉性卵。繁殖时，雄鱼用尾鳍和口在水底筑巢，雌鱼将卵产入巢内，雄鱼在巢内排精，然后雌鱼将卵子和精液吸入口腔，在口腔内孵化。

经济意义 生长快，个体大，肉质细腻，味道鲜美，为重要的经济养殖品种。

资源现状 白洋淀流域偶尔采集少量个体，应为养殖逃逸。

2.5.23 鲀科Tetraodontidae

暗纹东方鲀*Takifugu obscurus*（Abe 1949）

分类地位　鲀形目Tetraodontiformes、鲀科Tetraodontidae

地 方 名　蜡头、星弓斑圆鲀、暗色多纪鲀

英 文 名　obscure pufferfish

同物异名　*Sphoeroides ocellatus obscurus* Abe，*Fugu obscurus*（Abe）

形态特征　背鳍15～18；臀鳍13～16；胸鳍16～18。

体长圆筒形，向后渐狭小。头大，粗圆，其长稍大于宽。吻钝圆。眼小，侧上位，距鳃孔较距吻端为近。口小，端位。上、下颌各具2个喙状齿板，中央缝明显。唇发达，下唇较长，两端向上弯曲。体无鳞，背面自鼻孔至背鳍起点、腹面自鼻孔下方至肛门，均散布有小刺。鳃孔前后常被小刺，吻部侧面、后部及尾部光滑。侧线发达，侧上位，至尾部下弯于尾柄中央。背鳍位于体后部，肛门稍后上方，与臀鳍相对。无腹鳍。胸鳍侧中位，短宽，近似方形，后缘呈亚圆截形。尾鳍宽大，后缘呈稍圆形。

体呈灰黑色或茶褐色，腹侧白色。体侧在胸鳍后上方有一大黑色眼状斑，斑的前后各有一白色线纹向上横跨体背与另侧的斑相连，两白线间形成一灰黑色宽横带。头及体背侧还有几条白色横线纹。背鳍基部亦有一带白色边缘的黑色大斑。

地理分布　在我国，分布于黄海、渤海、东海。

生态习性　为近海底层肉食性鱼类，亦进入淡水河流或湖泊内，摄食贝类、虾类、蟹类、小鱼及其他无脊椎动物。具溯河产卵习性，繁殖季节在5～6月，亲鱼溯河产卵受精，产卵后返回海里。产黏性卵，附着于水草或其他物体上。

经济意义　肉质细嫩，味道鲜美，为重要的经济鱼类，但其卵巢、肝脏和血液均有剧毒，尤其是在繁殖季节毒性更强。

资源现状　白洋淀过去曾有记载，但数量少，是从海里溯河洄游经通海河进入白洋淀的个体（郑葆珊等，1960）。自1958—1960年在入淀河系上游建库拦洪后，该物种在此后的白洋淀流域资源调查中就消失了。

3

白洋淀流域虾蟹类

3.1 白洋淀流域虾蟹类研究史及变化

虾蟹类属于甲壳动物Crustacea、节肢动物门Arthropoda、十足目Decapoda，种类繁多，广泛分布于海水、淡水和陆地。关于白洋淀流域虾类的研究，早期范果仪和张乃新（1959）曾报道白洋淀的虾类有4种：中华新米虾（=中华锯齿新米虾）*Neocaridina denticulate sinensis*、秀丽长臂虾*Palaemon*（*Exopalaemon*）*modestus*（=秀丽白虾*Exopalaemon modestus*）、中华小长臂虾*Palaemonetes sinensis*、日本沼虾*Macrobrachium nipponense*。刘希泰（1977）报道了西大洋水库有2种虾：日本沼虾和中华锯齿新米虾。

关于白洋淀流域蟹类的研究报道，早期河北省水产研究所淡水渔业室（1977）和陈中康（1980）都曾报道由于通海的河道兴建水利工程，阻挡了中华绒螯蟹*Eriocheir sinensis*的生殖洄游，加之过度捕捞、工业废水污染等原因，导致具有洄游习性的渔业资源几乎绝迹。20世纪70年代开始进行中华绒螯蟹人工增养殖，1972年开始将蟹苗投放白洋淀（张耀红，1996）。

3.2 白洋淀流域虾蟹类组成特点

根据近年来野外资源调查记录，白洋淀流域现有虾类5种，隶属于1目3科5属：匙指虾科的中华锯齿新米虾，长臂虾科的日本沼虾、秀丽白虾、中华小长臂虾，螯虾科的克氏原螯虾*Procambarus clarkii*（为外来入侵物种）。白洋淀流域蟹类有2种，隶属于1目2科2属：方蟹科的中华绒螯蟹（主要分布于白洋淀各淀区，为人工放流、养殖品种）和溪蟹科的河南华溪蟹*Sinopotamon honanense*（仅在拒马河流域发现）。

在白洋淀各淀区，中华锯齿新米虾的春季丰度最高，夏季丰度最低；秀丽白虾、中华小长臂虾的秋季丰度最高，夏季丰度最低；日本沼虾作为优势种，在三个季节的调查中春季丰度最高，夏季和秋季丰度相近。总体而言，日本沼虾作为优势种，分布范围最广。

在府河，中华锯齿新米虾的春季丰度最高，夏季、秋季丰度最低；在三个季节的调查中，日本沼虾的秋季丰度最高，夏季和春季丰度相近。总体而言，日本沼虾和中华锯齿新米虾作为优势种，分布范围最广。

在孝义河，日本沼虾的春季、夏季丰度最高，是孝义河流域分布最为广泛的虾种；中华锯齿新米虾和秀丽白虾捕获量较少。

在拒马河流域，中华小长臂虾与中华锯齿新米虾为优势种，季节变化性不大。相对而言，中华小长臂虾的丰度最高，中华锯齿新米虾仅次之，丰度最低的是日本沼虾，且其分布范围较窄，仅在白沟及张坊大桥有捕获。

秀丽白虾为西大洋水库的优势种，且分布地域和丰度均为最高；日本沼虾分布范围较广；在秋季，中华锯齿新米虾成为优势种，但是分布范围较小。

克氏原螯虾作为入侵物种，在白洋淀各淀区分布数量呈现增长趋势，可能与其人工养殖有关。在并未有人工养殖的区域，如府河、孝义河，克氏原螯虾的分布值得警惕。

3.3 虾蟹类形态特征描述

白洋淀流域分布的虾蟹类均属于节肢动物门Arthropoda、甲壳动物亚门Crustacea、软甲纲Malacostraca、十足目Decapoda、腹胚亚目Pleocyemata。组成体躯的体节数目恒定，一般20～21节，分为头胸部（cephalothorax）和腹部（abdomen）。体躯两侧具有成对、分节的附肢，共19对；附肢多为双枝型（biramous），与体躯相连的关节称为原肢（protopodite），由原肢再生出内肢（endopod）和外肢（exopod）；原肢2节或3节，内肢5节，外肢多节；如果外肢减小或退化，则变成单枝型（uniramous）附肢。复眼通常着生在眼柄上。鳃在胸部，但不成树枝状（区别于枝鳃亚目）。胚胎在雌性的腹部附肢处孵育（区别于枝鳃亚目）。

头胸部由全部头节和胸节愈合而成，各节分界不明显。头胸部背面与左右两侧面覆有发达的整块甲壳，即头胸甲（carapace）。头胸甲不仅完全包被头胸部，而且从背面与头胸部完全愈合。头胸甲从背部向两侧延伸至胸部附肢基部，包住鳃，形成鳃室。头胸甲的腹面都有腹甲。头胸甲的形状因类群不同而有很大的差异。虾类，头胸甲长而略成圆筒形，左右侧扁，背面与侧面之间浑圆而无明显的侧脊；头胸甲的前端中央突出，形成额剑（rostrum）；额剑一般左右侧扁，上、下缘常具锯齿。短尾下目的蟹类，头胸甲短而宽，背腹扁平，背面与侧面之间弯曲成一定的角度，有明显的侧脊；无额剑。

头胸部共有附肢13对，头部5对，胸部8对。头部附肢包括第一触角（单枝型）、第二触角、大颚（单枝型）、第一小颚、第二小颚。胸部前3对附肢变形为摄食用的颚足，即第一颚足、第二颚足、第三颚足；后5对为步足，是捕食及爬行器官。步足的原肢有2节，与体躯相连的关节称为底节（coxopodite），其下一节为基节（basipodite）。由基节再分出内肢与外肢。内肢5节，由近体端到远体端依次为座节（ischiopodite）、长节（meropodite）、腕节（carpopodite）、掌节（propodite）、指节（dactylopodite）。多数种类，外肢已消失。某些步足变形为钳状螯足。在螯足中，掌节分为掌部（palm）和不动指（immovable finger），指节则被称为可动指（movable finger）。

腹部由6个腹节组成。腹节后是一个节后板或叶，称为尾节（telson）或肛节（anal somite），肛门开口于此。腹部形态因类群不同而差别很大。虾类腹部长而左右侧扁，各节能自由活动；各腹节均具1对双枝型附肢，其原肢2节，内、外肢不分节，为主要游泳器官；尾节呈三角形，无附肢，与尾肢（第六腹节的附肢）组成尾扇，在游泳中用以控制方向及升降。蟹类腹部平扁，肌肉退化，卷折在头胸部的腹甲之下，附肢丧失游泳机能；雄性腹部仅第一、第二腹节存在附肢，且变形为雄性交接器，是蟹类分类的重要依据；雌性腹部第二至第五腹节的附肢均存在，用以携带卵粒；不形成尾扇。

3.4 白洋淀流域虾蟹科属种检索表

1a 身体左右侧扁。大多有额剑。第一触角通常有柄刺。第二触角鳞片大。绝大多数种类腹肢发达，适于游泳（真虾下目Caridea）……2a

1b 身体背腹平扁或稍侧扁。有或无额剑。第一触角有或无柄刺。绝大多数种类腹肢不发达或退化，不适于游泳……5a

2a 大颚门齿部及臼齿部不完全裂开，无大颚须。额剑侧扁。前2对步足具螯，指节内凹呈匙状，顶端具丛毛。第一步足腕节前缘深凹，第二步足腕节前缘不凹陷。螯足及步足具肢鳃。雄性第一腹肢的内肢膨大，长约为宽的1.2倍，卵圆形或梨形。雄性第二腹肢的雄附肢粗大，为内肢长度的0.6倍，内表面及远端表面密生小刺。额剑侧扁，长度不超出第一触角柄末端（匙指虾科Atyidae、新米虾属*Neocaridina*）……中华锯齿新米虾*N. denticulate sinensis*

2b 大颚门齿部及臼齿部通常分离，大颚须有或无。额剑多侧扁。头胸甲具或不具鳃甲刺及肝刺。第一触角的上鞭分叉。前2对步足具螯。第一步足小于第二对。步足均不具肢鳃（长臂虾科Palaemonidae）……3a

3a 头胸甲具鳃甲刺，不具肝刺……4a

3b 头胸甲不具鳃甲刺，具肝刺。大颚须3节。额剑上缘基部不具鸡冠状隆起。第三颚足和所有步足均具侧鳃。第一步足短小；第二步足非常粗壮，通常超过体长，雄性中可超过体长的2倍以上（沼虾属*Macrobrachium*）……日本沼虾*M. nipponense*

4a 大颚须3节。额剑上缘基部具鸡冠状突起。腹节侧板“V”形，顶部宽圆。第二步足指节通常短于或近等于掌部；腕节为掌部长度的1.5~1.8倍。末3对步足指节短于掌节，掌节腹缘具小刺（白虾属*Exopalaemon*）……秀丽白虾*E. modestus*

4b 无大颚须。第三颚足侧鳃发达。第五步足掌节后缘末部具数列丛毛（小长臂虾属*Palaemonetes*）……中华小长臂虾*P. sinensis*

5a 身体筒形，稍侧扁。额剑三角形，背腹扁平。第一触角有柄刺。前3对步足螯状。腹部短而直。具尾扇（螯虾下目Astacidea、螯虾科Cambaridae、原螯虾属*Procambarus*）……克氏原螯虾*P. clarkii*

5b 身体背腹平扁。无额剑。第一触角无柄刺。腹部折曲在头胸部下。不具尾肢及尾扇（短尾下目Brachyura）……6a

6a 头胸甲两侧缘平直或稍拱，近方形；额宽；额不深裂成叶或齿，第一触角窝背面不可见。眼窝位于或靠近头胸甲的前侧角；腹眼窝缘不与口框前缘相连。额缘分4齿或4叶，前侧胃脊明显，螯足长节具末端齿，掌节内、外侧面均具致密绒毛（方蟹科Grapsidae、绒螯蟹属*Eriocheir*）……中华绒螯蟹*E. sinensis*

6b 头胸甲圆方形。大颚须分3节，末节为单片型。雄性腹部三角形，雌性为横卵圆形。雄性第一腹肢分4节，粗壮，末节末端尖锐，末节两叶不等长，背叶长于腹叶，亚末节约为末节长的2.7倍（溪蟹科Potamidae、华溪蟹属*Sinopotamon*）……河南华溪蟹*S. honanense*

3.5 各论

3.5.1 匙指虾科Atyidae

中华锯齿新米虾*Neocaridina denticulate sinensis*（Kemp 1918）

分类地位 十足目Decapoda、真虾下目Caridea、匙指虾科Atyidae

地 方 名 草虾

形态特征 体青绿色或棕色。体长约20mm。体微侧扁，表面光滑。额剑侧扁，侧脊极为明显，长度约为头胸甲的3/4，通常少有超出第一触角柄节末端者；上缘平直，但基部稍微隆起，多具14～23齿，基部3或4齿在头胸甲上，下缘中部以前具3～5齿。额剑侧脊极为明显。头胸甲具触角刺及头刺，无眼上刺。腹部甚直，表面光滑。尾节的长度为第六腹节的1.5倍，背面具4～6对活动小刺，末缘圆形，但中央呈尖刺状，其两侧共有活动刺毛10个左右，在外侧者最小。步足5对，前两对呈钳状。螯的两指内面凹陷，略呈匙状，末端有刷状丛毛。第三步足，指节末端有2爪；雄性掌节向内弯曲，长为宽的8倍，为指节长的3～4倍；指节长为宽的2.4倍；雌性掌节平直，长度约10倍于其最大宽度，为指节长的4～5倍；指节长为宽的2.5～3倍。第五步足，雄性指节粗大，具35～56个齿状刺；掌节纤细，长为宽的12倍，为指节长的2.7倍；雌性指节纤细，具50～65个齿状刺；掌节粗壮，长为宽的9倍，为指节长的3.4倍。

地理分布 河北、辽宁、天津、北京等。

生态习性 生活于淡水池沼的水草间，故称为草虾，我国各地均产，秋季产量最多。

经济意义 小型虾类，皮多肉少，但产量大，有一定的经济价值。

资源现状 白洋淀流域，如白洋淀淀区、西大洋水库、府河、孝义河、拒马河等地均有分布，为府河、拒马河的十足目优势种。

3.5.2 长臂虾科Palaemonidae

（1）日本沼虾*Macrobrachium nipponense*（de Haan 1849）

分类地位 十足目Decapoda、真虾下目Caridea、长臂虾科Palaemonidae
地 方 名 青虾

形态特征 体青色，具棕色斑纹，常因栖息环境的不同而有很大变化。体长60～90mm。头胸部较粗大。额剑侧扁，约伸至第二触角鳞片末；上缘微凸，具11～14齿；下缘具3～5齿。头胸甲具触角刺、肝刺及胃刺，无鳃甲刺，前侧角钝圆，额剑后脊延伸至头胸甲中部。腹部第六节长为高的1.2～1.3倍。尾节长度为第六节长度的1.5～1.8倍。尾节末端窄，末缘中央呈尖刺状，后侧缘各具2枚小刺，内侧刺的基部具有1对羽状毛；背面有2对短小的活动刺。

第一触角柄较短，不抵第二触角鳞片末端，柄刺不显著，第一节外缘末端有一尖刺。第二触角鳞片与额剑等长。大颚门齿部与臼齿部分离，触须由3节构成。第三颚足伸至第一触角柄第二节末端附近。第一步足短小，指节稍短于掌部。雄性第二步足特别强大，长度可超过体长，遍生小刺；雌性的第二步足较短，稍短于体长；指节长度为掌部的3/4，为腕长的3/5，与长节长度相等。后3对步足呈爪状。第五步足指节较短，约为掌节的1/3，不及腕节的3/4；掌节后缘末部具横行短毛列。

地理分布 广布于我国南北各地的江河、湖泊中，其中以河北白洋淀、江苏太湖和山东微山湖出产的最为有名。也见于日本、俄罗斯西伯利亚和越南。

生态习性 喜在湖泊、水库、河渠、塘堰中，常生活于水肥、流缓、水草繁茂的沿湖港湾或泥质底部生活，昼伏夜出。春天随水温上升，开始移至沿岸浅水区生活，盛夏随水温升高，则移向深水，冬季潜伏于湖底或水草丛中越冬。杂食性，由于其捕捉动物性食物的能力较差，所以胃含物中主要是一些植物性食物、有机碎屑或一些动物的尸体，有时也见到一些蠕虫、小型水生昆虫和浮游甲壳动物。

经济意义 我国产量最大的淡水虾，经济价值较高。白洋淀青虾壳薄、肉嫩、味道鲜美，自古至今久负盛名。

资源现状 白洋淀流域均有分布，为白洋淀淀区、府河、孝义河的十足目优势物种；在拒马河分布范围较窄。

（2）秀丽白虾*Exopalaemon modestus*（Heller 1862）

分类地位　十足目Decapoda、真虾下目Caridea、长臂虾科Palaemonidae
地 方 名　白米虾
英 文 名　Chinese white prawn
同物异名　*Palaemon*（*Exopalaemon*）*modestus*（Heller）

形态特征　体色透明，散布有棕色斑点，抱卵个体在腹部1～5体节侧甲边缘各具1个蓝黑色圆斑。体长最大不超过60mm。额剑较短，长度小于头胸甲，末端稍超出第二触角鳞片；上缘基部呈鸡冠状隆起，尖细部分稍向上扬；上缘隆起部分具7～11齿，下缘中部具2～4齿，上、下末端附近均无附加齿。头胸甲有鳃甲刺、触角刺，无肝刺。腹部各节背面圆滑无脊，第六节长为体高的1.5～1.6倍，尾节长度约为第六节长度的1.3倍。第一触角柄基节前缘圆，前侧刺小。大颚有由3节构成的触须。第二步足指节约与掌节等长，或稍长于掌节；腕节长度约为指节或掌节的2倍。末3对步足指节短于掌节，掌节腹缘具小刺。第五步足掌节后缘末部具横行短毛列。

地理分布 自然分布区是我国长江中下游及华北、东北地区，最北见于俄罗斯西伯利亚，最南可见于福建北部，是中国常见的重要经济淡水虾，在大型湖泊中常占虾类总产量的半数以上。

生态习性 生活于淡水河流、湖泊中。杂食性，终生以浮游动物、植物碎屑、细菌等为饵料。

经济意义 肉味鲜美，营养丰富；世代交替快，繁殖力强，产量较大，是我国淡水虾类中经济价值较高的一种。

资源现状 在白洋淀流域，如白洋淀淀区、西大洋水库、府河、孝义河、拒马河等地均有分布；为西大洋水库十足目优势物种。

（3）中华小长臂虾*Palaemonetes sinensis* Sollaud 1911

分类地位　十足目Decapoda、真虾下目Caridea、长臂虾科Palaemonidae

形态特征　体透明，呈青色略带微黄色，自头胸甲两侧至第六腹节均有棕色或棕黑色条纹，尤以第三腹节的颜色最浓。体长25～40mm。额剑稍短于头胸甲，平直前伸，末端极尖锐，上缘具5～6齿，下缘具1～2齿。头胸甲具触角刺、鳃甲刺，不具肝刺，鳃甲沟伸至头胸甲中部之前。额剑后脊延伸至头胸甲中部附近。腹部圆滑；第六节长约为高的1.8倍；尾节稍长于第六节，末端较宽，中央呈尖刺状，两侧具1大刺、1小刺，背面有2对活动小刺。

第一触角柄柄刺较小，伸至第一节中部附近，上鞭内鞭长度不到头胸甲长的2/3，基部与外鞭愈合。第二触角鳞片长不到宽的3倍，外末角刺超出第一触角柄末端。大颚无触须，门齿部具3小齿，臼齿部也具有小突起。第三颚足伸至第一触角柄第一节末端附近，侧鳃发达。

第一步足伸达或稍超出第二触角鳞片末端；螯较宽，指与掌等长；腕长约为指或掌长的4～5倍。第二步足显著长于第一步足，其螯完全超出第二触角鳞片末缘；腕节最长，约为掌节的2.3倍，掌节长度约为指节长度的1.7倍，指节不呈匙状。末3对步足呈爪状，第三步足掌节后缘具4～5根细刺；第五足掌节后缘末半部具数列丛毛。雄性腹肢内肢不具内附肢。

地理分布 自然分布于中国和俄罗斯西伯利亚。在中国的分布从东北、华北直到长江中下游一带，以北方更为多见。云南和新疆因20世纪50～60年代从长江搬运鱼苗放养而带入，特别是在云南，成为常见的淡水虾。

生态习性 主要生活在自然江河、湖库水草茂密的浅水区。繁殖季节自夏初至秋末。

经济意义 肉质鲜美，在国内外市场上深受欢迎；产量大，为常见经济虾类。

资源现状 为拒马河十足目优势物种；白洋淀淀区、府河有分布。

3.5.3 螯虾科Cambaridae

克氏原螯虾*Procambarus clarkii*（Girard 1852）

分类地位　十足目Decapoda、螯虾下目Astacidea、螯虾科Cambaridae
地 方 名　小龙虾、红螯虾、喇蛄、淡水小龙虾
英 文 名　red swamp crayfish
同物异名　*Cambarus clarkii* Girard

形态特征　性成熟个体暗红色或深红色，未成熟个体淡褐色、黄褐色等。常见个体体长3.5 ~ 12.5cm。头胸部较大，约占体长的1/2，呈三角形；额剑背腹扁平，呈三角形，表面中部凹陷，两侧有隆脊，尖端锐刺状。头胸甲两侧具粗糙颗粒。第一对步足呈螯状，粗大；第二、第三对呈钳状；后两对呈爪状。第一步足，可动指与不动指内缘具小庞状突起；掌节与指节内侧缘分别有7个和6个小齿，掌部背面具8列鲜红疣状突起；腕节腹面隆起，内侧缘端部具5 ~ 7个排成半圆形的小齿；长节和座节皆侧扁，上、下缘棱状，分别具2列和1列小齿。腹部附肢6对，雌性第一对退化，第二对细长柔软，呈羽状；雄性第一、二对附肢特化为钙质棒状交接器。腹部末端的扁平尾节与第六腹节的附肢共同组成尾扇。

地理分布 原产墨西哥北部和美国南部。20世纪30年代进入我国，60年代食用价值被发掘，养殖热度不断上升，各地引种无序，80～90年代大规模扩散。现广泛分布于我国20多个省市，南起海南岛，北到黑龙江，西至新疆，东达崇明岛，均可见其踪影，华东、华南地区尤为密集。

生态习性 栖于流速较缓的淡水溪流、沼泽、沟渠、湖泊中，适应性广，抗逆性强，耐高温、严寒，甚至微盐。繁殖季节喜掘穴，对农田、堤坝造成破坏。夏季夜晚或暴雨后，有攀爬上岸的习惯，可越过堤坝，进入其他水体。

经济意义 可观赏；肉质鲜美，亦可食用。因其入侵危害，已引种地区应控制种群规模。尚未引种的地区，应展开其环境风险评估和早期预警，对已广泛分布的地区加强养殖管理。

资源现状 近年来在白洋淀流域（除西大洋水库外）均有采集到标本，应是养殖品种逃逸个体或入侵物种。

3.5.4 方蟹科Grapsidae

中华绒螯蟹*Eriocheir sinensis* H. Milne Edwards 1853

分类地位　十足目Decapod、短尾下目Brachyura、方蟹科Grapsidae
地 方 名　河蟹、大闸蟹、胜芳蟹
英 文 名　Chinese mitten crab

雄蟹背面观

雄蟹腹面观

雌蟹背面观

雌蟹腹面观

形态特征　背面一般呈墨绿色，腹面灰白色。头胸甲呈圆方形，宽稍大于长，后部宽于前部；背面隆起，额及肝区凹陷，胃区前有6个对称的突起，各具颗粒，胃、心区分界明显，中鳃区从末齿基部引入1颗粒隆脊，其外侧形成一斜角。额被V形缺刻分为2叶。每叶具2锐齿，中央2齿大于2侧齿。眼窝深，背眼窝缘具颗粒，腹内眼窝齿尖锐。前侧缘具4锐齿，末齿最小，并引入一隆线，沿后侧缘内方亦具一隆线。第三颚足大，具宽大的间隙；座节、长节内缘具硬刚毛，内末角突出；座节长大于宽，长于长节。螯足，雄性比雌性大，掌节与指节基部的内外面密生绒毛，腕节内末角具一锐刺，长节背缘近末端处与步足的长节同样具一锐刺。步足以最后三对较为扁平，腕节与前节的背缘各具刚毛，第四步足前节与指节基部的背缘和腹缘皆密具刚毛。腹部，雌圆雄尖。

地理分布 原产于亚洲东部，后传入欧洲，甚至北美洲。在我国分布广，渤海、黄海、东海的沿海各省均产，以产自昆山阳澄湖、江苏太湖区以及河北胜芳的最为著名。

生态习性 常穴居江、河、湖荡泥岸，昼伏夜出，以动物尸体或谷物为食。秋季洄游到近海繁殖，雌雄交配后，母体以腹肢怀抱受精卵至翌年3～5月间孵化，幼体经过多次变态，发育成为幼蟹，再溯江、河而上，在淡水中继续生长。

经济意义 中华绒螯蟹肉味鲜美、营养丰富，是我国的一种名贵的经济蟹类，中华绒螯蟹的人工养殖已成为中国淡水名特优新品种养殖中的主导产业和支柱行业，在推动中国淡水养殖生产持续健康发展中发挥着至关重要的作用，具有重要的经济价值。

资源现状 现白洋淀流域多为人工放流、养殖品种。

3.5.5 溪蟹科Potamidae

河南华溪蟹*Sinopotamon honanense* Dai et al. 1975

分类地位 十足目Decapoda、短尾下目Brachyura、溪蟹科Potamidae
地 方 名 石蟹
英 文 名 fresh water crab

形态特征 头胸甲隆起，前鳃区颗粒粗糙，颈沟明显，胃、心区之间的“H”形沟细而深，相连呈蝶翅形。额后叶突出，眼后隆脊短，呈锋锐的隆脊形。额稍弯向前下方，前缘中部内凹。前鳃齿不甚突出，前侧缘具锐齿约10～12枚，前半部的齿较大。两螯不对称，腕节背面具细皱襞，内末角具较扁的三角形刺，其基部具较小的三角形齿；大螯掌部的长度约为高度的1.5倍，约为可动指长的1.1倍，两指内缘具大小不等的钝齿，合并时几无空隙。步足粗壮，光滑，末对步足前节长度约为宽度的1.7倍，稍短于指节。

地理分布 河南、河北（涉县）、山西、湖北。

生态习性 生活于河、池的石下或泥洞中，甚而生活于温泉积水池内，水温常在20℃以上。

经济意义 可做观赏蟹饲养。

资源现状 在白洋淀流域拒马河，为偶见种。

参考文献

[1] 蔡奕雄. 新米虾属的修订（甲壳亚门：十足目：匙指虾科）[J]. 动物分类学报，1996，21（2）：129-160.

[2] 曹玉萍. 白洋淀重新蓄水后鱼类资源状况初报[J]. 淡水渔业，1991（5）：20-22.

[3] 曹玉萍，王伟，张永兵，等. 白洋淀鱼类组成现状[J]. 动物学杂志，2003，38（3）：65-69.

[4] 操志芳，熊娟，熊国勇，等. 鄱阳湖区克氏原螯虾外部形态的解剖特征[J]. 江西水产科技，2014（2）：10-14.

[5] 常利伟. 白洋淀湖群的演变研究[D]. 长春：东北师范大学，2014.

[6] 陈中康. 白洋淀渔业资源现状及增殖意见[J]. 淡水渔业，1980（6）：6.

[7] 成庆泰. 中国鱼类系统检索[M]. 北京：科学出版社，1987.

[8] 成庆泰，周才武. 山东鱼类志[M]. 济南：山东科学技术出版社，1997.

[9] 戴爱云. 中国动物志 · 十足目束蟹科溪蟹科[M]. 北京：科学出版社，1999.

[10] 堵南山. 甲壳动物学（下册）[M]. 北京：科学出版社，1993.

[11] 范果仪，张乃新. 白洋淀的青虾[J]. 动物学杂志，1959（3）：97-99.

[12] 韩希福，王所安，曹玉萍，等. 白洋淀重新蓄水后鱼类组成的生态学分析[J]. 河北渔业，1991（6）：8-11.

[13] 河北省水产研究所淡水渔业室. 河蟹的放养[J]. 河北渔业，1977（5）：1-10.

[14] 李国良. 关于河北省淡水鱼类区系的探讨[J]. 动物学杂志，1986（4）：6-11，14.

[15] 梁象秋. 中国动物志 · 十足目匙指虾科[M]. 北京：科学出版社，2004.

[16] 刘修业，王良臣，杨竹舫，等. 海河水系鱼类资源调查[J]. 淡水渔业，1981（2）：36-43.

[17] 刘希泰. 西大洋水库虾类资源的初步分析[J]. 水产科技情报，1977（3）：12-14.

[18] 马晓利，刘存歧，刘录三，等. 基于鱼类食性的白洋淀食物网研究[J]. 水生态学杂志，2011，32（4）：85-90.

[19] 宋大祥，杨思谅. 河北动物志 · 甲壳类[M]. 石家庄：河北科学技术出版社，2009.

[20] 王所安，顾景龄. 白洋淀环境变化对鱼类组成和生态的影响[J]. 动物学杂志，1981，4（4）：8-11.

[21] 王所安，王志敏，李国良，等. 河北动物志：鱼类[M]. 石家庄：河北科学技术出版社，2001.

[22] 王银肖，杨慧兰，谭慧敏，等. 白洋淀鱼类群落结构与环境因子关系分析[J]. 2022，31（6）：1488-1501.

[23] 王孟，王银肖，谭慧敏，等. 海河流域拒马河鱼类群落结构特征及其与环境因子的关系[J]. 水生生物学报，2023，47（5）：36-50.

[24] 王鸿媛. 北京鱼类和两栖、爬行动物志[M]. 北京：北京出版社，1994.

[25] 谢松，贺华东. “引黄济淀” 后河北白洋淀鱼类资源组成现状分析[J]. 科技信息，2010（9）：433，491.

[26] 杨文波，李继龙，李绪兴，等. 拒马河北京段鱼类组成及其多样性[J]. 上海水产大学学报，2008，17（2）：175-181.

[27] 尹德超，王旭清，王雨山，等. 近60年来白洋淀流域河川径流演变及湿地生态响应[J]. 湖泊科学，2022，34（6）：2122-2133.

[28] 张春光，赵亚辉. 北京及其邻近地区的鱼类：物种多样性、资源评价和原色图谱[M]. 北京：科学出版社，2013.

[29] 张春光，赵亚辉. 北京及其邻近地区的鳅科鱼类[C]. 中国动物学会会员代表大会及中国动物学会65周年年会，1999：126-132.

[30] 张慧. 我国淮河以北花鳅属鱼类系统学及生物地理学研究[D]. 保定：河北大学，2020.

[31] 张耀红. 浅谈我省的河蟹养殖[J]. 河北渔业，1996（6）：17-19.

[32] 赵春龙，肖国华，罗念涛，等. 白洋淀鱼类组成现状分析[J]. 河北渔业，2007（11）：49-50.

[33] 赵连有. 关于河北省鳅科鱼类地理分布的初步探讨[J]. 张家口职业技术学院学报，1999（2）：10-14.

[34] 赵连有. 河北省鳅科鱼类调查初报[J]. 河北师范大学学报，1991（1）：77-80.

[35] 郑葆珊，范勤德，戴定远. 白洋淀鱼类[M]. 天津：河北人民出版社，1960.

[36] 朱松泉. 中国淡水鱼类检索[M]. 南京：江苏科学技术出版社，1995.

[37] 朱元鼎，伍汉霖. 中国动物志：硬骨鱼纲鲈形目虾虎鱼亚目[M]. 北京：科学出版社，2008.

[38] 中国科学院动物研究所白洋淀工作站. 白洋淀生物资源及其综合利用初步调查报告[M]. 北京：科学出版社，1958.

[39] HSIA W P. Sur Ies poissona de Paiyang Tien, Hopei [M]. Peiping:Contr. Inst. Zool. Nat. Acad. 1949, 5(5):197-203.

[40] ENGLUND R A, Cai Y. The occurrence and description of *Neocaridina denticulata sinensis*(Kemp, 1918)(Crustacea:Decapoda:Atyidae), a new introduction to the Hawaiian Islands [J]. Bishop Museum Occasional Papers, 1999, (58):58-65.

索 引

中文名索引

H

J

K

L

M

N

Q

R

S

T

W

X

拉丁名索引

H

L

M

N

O

P

R